乡村人居环境营建丛书

浙江大学乡村人居环境研究中心

王 竹 主编

浙江省哲学社会科学规划课题:宜居宜业目标下的电商村"产居共同体"内涵、机理与发展路径研究(24NDQN042YB)
杭州市社科联立项课题:农村现代化背景下的杭州电商村"产居共同体"特征、机理与建设路径研究(2023HZSL-ZC011)
浙大城市学院校科研培育基金课题:电子商务驱动下的乡村"产居共同体"特征、机理与营建策略研究(J-202308)

电商驱动下的乡村"产居共生"
空间格局与营建策略

邬轶群 著

东南大学出版社
SOUTHEAST UNIVERSITY PRESS
·南京·

内 容 提 要

本书基于浙江电商村蓬勃发展的背景,以"共生理论"为研究基础,围绕"产居共生"这一核心问题,探索如何实现电商驱动下的乡村产居共存、共融、共进。针对当下电商进村过程中产居二元存在的现实问题,首先明确"产居共生"发展的内涵与价值,进而辨析电商驱动下的乡村产居关系演进动因与格局,建构电商村"产居共生"体系、空间与机制的认知框架,并围绕"主体—功能—制度"共同体,提出电商村"产居共生"的营建策略,继而从基底规划、节点提升、通廊梳理、组团调节、单元营建五个方面架构"产居共生"空间营建的实施路径。最后,以浙江缙云县北山村为实证研究的载体,为电商村"产居共生"的营建与优化策略提供参考与借鉴。

本书可供建筑学、城乡规划学、经济地理学、人文地理学等相关专业人士阅读参考,也可供相关专业师生学习参考。

图书在版编目(CIP)数据

电商驱动下的乡村"产居共生"空间格局与营建策略/
邬轶群著. — 南京 : 东南大学出版社,2023.10
　　(乡村人居环境营建丛书 / 王竹主编)
　　ISBN 978-7-5766-0812-0

　　Ⅰ. ①电… Ⅱ. ①邬… Ⅲ. ①乡村规划-研究-浙江
Ⅳ. ①TU982.295.5

　　中国国家版本馆 CIP 数据核字(2023)第 140668 号

责任编辑:宋华莉　　责任校对:韩小亮　　封面设计:企图书装　　责任印制:周荣虎

电商驱动下的乡村"产居共生"空间格局与营建策略
Dianshang Qudong Xia De Xiangcun "Chanjugongsheng" Kongjian Geju Yu Yingjian Celüe

著　　者	邬轶群
出版发行	东南大学出版社
社　　址	南京市四牌楼 2 号　邮编:210096
出 版 人	白云飞
网　　址	http://www.seupress.com
电子邮箱	press@seupress.com
经　　销	全国各地新华书店
印　　刷	南京玉河印刷厂
开　　本	787 mm×1092 mm　1/16
印　　张	10.25
字　　数	232 千字
版　　次	2023 年 10 月第 1 版
印　　次	2023 年 10 月第 1 次印刷
书　　号	ISBN 978-7-5766-0812-0
定　　价	58.00 元

本社图书若有印装质量问题,请直接与营销部联系,电话:025-83791830。

序

　　本书源自邬轶群的博士论文《电商驱动下的浙江乡村"产居共生"空间格局与营建策略》。他自 2015 年 9 月起进入师门攻读博士学位,参与了研究团队中的多项科研和实践工作,在此过程中他不断地学习与成长,在提升自我的同时也有了充足的学术与实践积淀,结合团队的研究成果与自己的所学所思,最终完成了本书。多年来,邬轶群参与到了浙江、广东等地一系列乡村考察与规划设计中,跟随团队共同完成了"安吉县灵峰街道碧门村村庄建设规划暨'美丽乡村'精品示范村规划设计""遂昌县上坪、下坪村产业策划与村庄规划设计""安吉县灵峰街道大竹园村'美丽乡村'精品示范村规划设计"等乡村设计实践,使得他对于乡村的特色风貌、产业模式、空间布局、营建特征等有了深刻的了解,也产生了浓厚的研究兴趣。适逢乡村电商产业发展迅速,电商进村的热潮一浪高过一浪。在此之际,他深入到多个电商村中进行深入调研,也感受到了目前电商村发展过程中存在的切实问题与困境。因此,在与他多次讨论交流后,便明确了以浙江电商村发展为背景,针对乡村中产业与人居空间营建策略的研究方向。

　　我国电商村的发展在近年来处于快速膨胀期,以电子商务为触媒的产业集聚与人居发展,在乡村地理空间上处于高度复合状态。然而,面对电商村动因复杂、形态多样、量大面广的"产居混合"现象,"自上而下"的制度导控一直缺乏行之有效的体系和策略,其发展与增长仍具有显著的"自下而上"问题。与此同时,在理解与认知上"重产业、轻人居"的问题也日益突显,以经济效益为导向的电商村评价指标使人们忽视了乡村营建的本源,亟需认知纠偏与概念厘清。乡村振兴战略提出,产业兴旺是核心,生态宜居是关键。由此,引导"产居混合"向"产居共生"演进,是电商驱动下乡村可持续发展的基础。基于此,本书提出了在电商驱动的语境中,需要平衡乡村产业与人居耦合的动态矛盾,解析"产居共生"的认知框架与逻辑建构,进而具体落实到实践中,制定地域适宜的电商村"产居共生"营建策略。本研究为电商村产业与人居共生发展研究提供了理论与方法的支持,具有重要的学术价值和现实意义。

王竹

2022 年 12 月

前　言

产业与人居是乡村聚落空间组织的两大核心。在"互联网＋"时代,电子商务作为网络化、虚拟态的新型经济活动,深刻地改变了一些传统乡村的生产和生活方式,塑造了极具中国特色的实体形态——电子商务村。然而,面对乡村产业结构与人居环境在地理单元上高度复合的现状,不仅相关研究少有成熟的方法体系,而且更产生了缺乏有效引导下的营建"乱象",为此在电商进村的热潮中应该进行精准、科学的"冷思考"。如何实现电商驱动下的乡村产居"共存""共融""共进",迫切需要相关研究与实践的支持。

鉴于此,本书选取具有先导性、示范性的浙江地区电商村作为研究对象,以"共生理论"为研究基础,围绕"产居共生"这一核心问题,通过"理论基础—现象释因—认知框架—体系导控—实证研究"五个方面形成逐层推进的撰写思路与技术路线:

第一,解读"共生理论"与界定产居共生概念。借鉴生物学"共生理论"的原理,解析"共生理论"对于乡村产居发展的契合与启示,揭示电商驱动下乡村"产居共生"的发展内涵与研究关键。

第二,辨析电商驱动下浙江乡村"产居共生"演进动因与格局。以电子商务驱动为内核,梳理浙江乡村产居共生的演进脉络,剖析现象产生背后的动力机制,评价"时间—空间—社群"的维度特征,并解析产居共生时空图谱的演进格局。

第三,建构电商驱动下乡村"产居共生"体系、空间与机制的认知框架。围绕"单元—界面—模式—环境"四个维度组构"产居共生"体系,进而归纳出产居空间集成的共生线索,以及组合同构的共生机制,从而建立起由现象格局到认知框架的理论建构。

第四,提出电商驱动下乡村"产居共生"的营建策略与实施路径。根据电商村中产居营建的现实需求,提出"乡建共同体""利益共同体"与"产居共同体"的营建机制,探索产居"单元—界面—模式—环境"共生的营建策略,并从基底、节点、通廊、组团、单元五个方面,探索地域性、可操作的实施路径。

第五,电商村的"产居共生"空间格局与营建实证。以浙江缙云县北山村为实践案例,剖析现状问题,探究其空间演进格局,明确相应的营建策略,以期研究成果对当前电商村的产居空间实践提供一定的方法指引。

本书透过当下如火如荼的电商村发展表象,深入剖析了产居关系演变的本质,归纳了浙江电商村"产居共生"的空间格局与发展路径,构建了认知框架并提出了营建策略,旨在为更大范围电商经济融入乡村的可持续发展提供参考与借鉴。

2022 年 11 月

浙江大学建筑工程学院
乡村人居环境研究中心

农村人居环境的建设是我国新时期经济、社会和环境的发展程度与水平的重要标志，对其可持续发展适宜性途径的理论与方法研究已成为学科的前沿。为贯彻落实《国家中长期科学和技术发展规划纲要（2006—2020 年）》的要求，加强农村建设和城镇化发展的科技自主创新能力，为建设乡村人居环境提供技术支持，2011 年浙江大学建筑工程学院成立了乡村人居环境研究中心（简称"中心"）。

中心整合了相关专业领域的优势创新力量，长期立足于乡村人居环境建设的社会、经济与环境现状，将自然地理、经济发展与人居系统纳入统一视野。

中心在重大科研项目和重大工程建设项目联合攻关中的合作与沟通，积极促进多学科交叉与协作，实现信息和知识的共享，从而使每个成员的综合能力和视野得到全面拓展；建立了实用、高效的科技人才培养和科学评价机制，并与国家和地区的重大科研计划、人才培养实现对接，努力造就一批国内外一流水平的科学家和科技领军人才，注重培养一批奋发向上、勇于探索、勤于实践的青年科技英才，建立一支在乡村人居环境建设理论与方法领域具有国内外影响力的人才队伍，力争在华东地区乃至全国农村人居环境建设领域处于领先地位。

中心按照国家和地方城镇化与村镇建设的战略需求与发展目标，整体部署、统筹规划、重点攻克一批重大关键技术与共性技术，强化村镇建设与城镇化发展科技能力建设，开展重大科技工程和应用示范。

中心从 6 个方向开展系统的研究，通过产学研相结合，将最新研究成果应用于乡村人居环境建设实践中。（1）村庄建设规划途径与技术体系研究；（2）乡村社区建设及其保障体系；（3）乡村建筑风貌及营造技术体系；（4）乡村适宜性绿色建筑技术体系；（5）乡村人居健康保障与环境治理；（6）农村特色产业与服务业研究。

中心承担有国家自然科学基金重点项目——"长江三角洲地区低碳乡村人居环境营建体系研究""中国城市化格局、过程及其机理研究"；国家自然科学基金面上项目——"长江三角洲绿色住居机理与适宜性模式研究""基于村民主体视角的乡村建造模式研究""长江三角洲湿地类型基本人居生态单元适宜性模式及其评价体系研究""基于绿色基础设施评价的长三角地区中小城市增长边界研究"；"十二五"国家科技支撑计划课题——"村镇旅游资源开发与生态化关键技术研究与示范"；"十三五"国家重大科技计划项目子课题——"长三角地区基于气候与地貌特征的绿色建筑营建模式与技术策略""浙江省杭嘉湖地区乡村现代化进程中的空间模式及其风貌特征""建筑用能系统评价优化与自保温体系研究及示范""江南民居适宜节能技术集成设计方法及工程示范"等。

中心完成 120 多个农村调研与规划设计；出版专著 15 部，发表论文 300 余篇；已培养博士 50 余人、硕士 230 余人，为地方培训 8000 余人次。

目　录

1　绪论

1.1　研究背景

1.1.1　课题缘起

1)"互联网＋"时代下的乡村生产生活方式变革

近年来,信息技术飞速发展,入网门槛大幅降低,中国城乡已全面进入"互联网＋"的时代,经济发展方式也发生了巨大的变革。相比于传统的商业模式,互联网跨越了地理区域的限制,将不同空间的生产者、销售者和消费者连接在一起,产生了强烈的空间压缩效应。以其为载体的"互联网经济"引起了国家层面的高度重视,并视其为新常态下新型经济增长点[①]。2015年3月,中国政府首次提出"互联网＋"行动计划,标志着"互联网＋"上升为国家战略[②]。

随着互联网、物联网以及大数据等技术的日渐成熟,乡村地域也逐渐衍生出一套新型的生活生产模式[③]。"互联网＋"的跨界融合作用,不仅能打破城乡二元壁垒、化解城乡二元分立格局,使乡村土地、劳动力、技术、信息等要素得以重新配置与优化[④],也能促使互联网技术渗透进乡村的各种生产、生活领域之中,改变了传统乡村依靠外界"输血"的发展模式,推动乡村生产与生活方式革新。

(1)"互联网＋"加速乡村信息基础设施数字化、网络化发展。截至2020年12月,全国行政村通宽带比例高达98％,乡村网民规模为3.09亿(图1.1),占整体网民总数的31.3％,乡村地区的互联网普及率达到55.9％[⑤];乡村广播电视网络基本实现全覆盖;全国乡村公路基础属性和电子地图数据库建成,累计数据量超过800 GB[⑥];全国乡镇网商快递点覆盖率已超过97％。

(2)"互联网＋"助力乡村农业现代化进程。AI、云计算以及大数据技术在现代乡村农业发展中占据重要地位,实现了信息技术与种植业、畜牧业、渔业、种业、农机装备、农垦全面

---

① 杨思,李郇,魏宗财,等."互联网＋"时代淘宝村的空间变迁与重构[J].规划师,2016,32(5):117－123.
② 中华人民共和国中央人民政府.政府工作报告[EB/OL].(2015-03-16)[2022-04-08].http://www.gov.cn/guowuyuan/2015－03/16/content_2835101.htm.
③ 余侃华,陈延艺,武联,等.乡村4.0:互联网视角下乡村变革与转型的规划应对探讨:以陕西省礼泉县官厅村为例[J].城市发展研究,2017,24(11):15－21.
④ 刘增伟.浅析互联网对当代农村发展的影响[J].商,2016(32):86.
⑤ 中国互联网络信息中心(CNNIC).第47次中国互联网络发展状况统计报告[R/OL].(2021-02-03)[2022-04-08].http://www.cac.gov.cn/2021－02/03/c_1613923423079314.htm.
⑥ 中央网信办信息化发展局.中国数字乡村发展报告(2020年)[R].2020.

的融合应用,智慧农业及其衍生产业形成,农业现代化进程呈现出良好的发展局面。

（3）"互联网＋"促进乡村数字经济新业态发展。互联网与乡村特色产业加速融合,电子商务、创新创业、智慧旅游等新业态应运而生。2020 年全国农产品网络零售额高达 5750 亿元①,并帮扶了 600 个贫困县实现脱贫。2020 年返乡创业人员达 1010 万人,带动就业约 4000 万人,"田秀才""土专家""乡创客"等本乡创业人员达 3100 多万人次②。农业农村部分别于 2019 年、2020 年陆续推出 320 个、680 个乡村旅游重点村,开展休闲旅游"云观赏""云体验""云购物""云认养"等线上服务。

（4）"互联网＋"丰富乡村生活与消费场景。随着电子商务与乡村产业发展的日益紧密,渠道、物流等多种平台也纷纷向乡村地区下沉。乡村电商基础设施的日趋完善,促使乡村市场消费潜力快速释放。移动支付的普及,又使得线上与线下等多种消费场景多元化,例如在线餐饮、在线教育、在线旅游及在线家政等持续丰富乡村的消费场景。

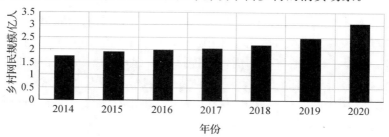

图 1.1   2014—2020 年中国乡村网民规模
（图片来源:《中国数字乡村发展报告（2020 年）》,作者整理自绘）

2）电子商务乡村的蓬勃发展及其社会效应

电子商务作为"互联网＋"时代下的新型经济活动,将原先处于消费边缘地带的乡村融入新型的消费网络系统之中,而乡村在电子商务的推动下,激发出新的市场需求,亦激发了乡村产业与资源禀赋有机结合的活力,进而催生了一种乡村经济与电子商务相结合的新型产物——电子商务乡村（简称"电商村"）。2016 年 2 月发布的《国务院关于深入推进新型城镇化建设的若干意见》③中,乡村电商发展作为加快新型城镇化、推动新农村建设的重要抓手被明确提及。2018 年印发的《乡村振兴战略规划（2018—2022 年）》④提出,发展乡村电商对于解决现有的乡村发展困境、实现乡村资源统筹具有重要意义,也提到了电商在整个乡村振兴战略实施中的催化作用,对于建设美丽乡村和实现精准扶贫具有重要意义。商务部推出了《"互联网＋流通"行动计划》,全国 700 多个乡县拉开了乡村电商发展序幕,农业农村部、发展改革委、中央网信办等多部委的联合发文,更是为发展乡村电商奠定了基础。

---

① 文中除特别注明外,金额单位均为人民币元。
② 中央网信办信息化发展局. 中国数字乡村发展报告（2020 年）[R]. 2020.
③ 中华人民共和国中央人民政府. 国务院关于深入推进新型城镇化建设的若干意见[EB/OL]. (2016-02-06)[2022-04-08]. http://www. gov. cn/zhengce/content/2016－02/06/content_5039947. htm.
④ 中共中央国务院. 乡村振兴战略规划（2018—2022 年）[EB/OL]. (2018-09-26)[2022-04-08]. http://www. gov. cn/xinwen/2018－09/26/content_5325534. htm.

相关数据显示,2020 年全国电商交易额达 37.21 万亿元①,网络零售额达 11.76 万亿元,乡村网络零售额达 1.79 万亿元,同比增长 8.9%。其中,在阿里、京东、苏宁等各自的"乡村电商计划"下,电商村开始在全国各地呈现出井喷式的增长态势。以淘宝村②为例,从 2009 年最早鉴别出的 3 个(浙江省义乌市青岩刘村、江苏省睢宁县东风村和河北省清河县东高庄)增长至 2020 年的 5425 个③,从沿海向全国 25 个省、自治区、直辖市扩展,由星星之火发展为燎原之势(图 1.2)。2020 年淘宝村中活跃网店达 296 万个,消化了 828 万就业人口,每年实现交易额破万亿元,已经成为经济发展的一个重要增长极④。

事实上,电商村的数量远远超出淘宝村的统计数量。截至 2019 年 12 月底,京东已经实现覆盖全国 832 个贫困县,并完成了线上铺货超 300 万种,销售额年累计突破了 750 亿元,为 90 多万乡村贫困户提供了新型的增收渠道。2019 年,拼多多平台更是首次突破万亿大关,农副产品的成交额占据了重要一部分,达到 1360 亿元,也成为中国首屈一指的线上农产品交易平台。2020 年,中国更是进入了电商抢位赛的快车道,直播带货等多种形式层出不穷,电商村又慢慢地演变为直播村。2021 年 7 月,阿里巴巴推出了"村播计划",已经覆盖了全国 31 个省市区 2000 多个县,直播场次累计达到 240 万场,农产品销售额突破 80 亿元。

电商村的兴起对于解决农民就业问题、为农民提供增收创收的渠道,以及顺利推动乡村经济转型、构建和谐美丽的新农村都具有显著的积极意义。此外,还带动了乡村电商管理咨询、包装设计及物流仓储等众多行业产业的发展,为乡村社群提供了大量的专职岗位。同时,电商村的发展还在一定程度上拓宽了村民的眼界、改变了村民的观念、调整了村民的知识结构和商业思维,也改变了农民的消费行为模式⑤。但与此同时也要看到,乡村电商经济飞速发展的同时,其人居环境始终处在相对被忽视的位置,一味和盲目地强调经济发展,容易造成"重经济、轻人居"的不良发展态势。

　3)乡村振兴重要抓手:产业兴旺是核心,生态宜居是关键

乡村问题由来已久,尤其是在中国飞速发展的城镇化进程中,"三农"问题始终是国家关注的重点。进入 21 世纪,中国最高决策层连续发布了一系列的以农业、农民和农村为主题的一号文件,从顶层设计做出了总体部署,对于发展农业、农村产业给予了重大关切,也为解决"三农"问题指明了方向。2018 年 9 月,中共中央、国务院印发了《乡村振兴战略规划(2018—2022 年)》⑥,并要求各地结合实际贯彻与落实。2021 年 2 月,《中共中央、国务院关于全面推进乡村振兴加快农业农村现代化的意见》发布,这也是 21 世纪以来第 18 个指导

　　① 商务部电子商务和信息化司.中国电子商务发展报告 2020[R].2020.
　　② 淘宝村:阿里研究院对"淘宝村"的认定标准主要包括:(1)经营场所:在农村地区,以行政村为单元;(2)销售规模:电子商务年销售额达到 1000 万元;(3)网商规模:本村活跃网店数量达到 100 家,或活跃网店数量达到当地家庭户数的 10%。鉴于通过电商平台销售农产品,与销售其他产品相比,为农民带来的收益更直接、意义更大。2020 年阿里研究院为淘宝村制定了一个新的交易额统计规则,即将农产品交易额视同两倍进行计算。
　　③ 阿里研究院.2020 年中国淘宝村研究报告[R].2020.
　　④ 南京大学空间规划研究中心,阿里新乡村研究中心.中国淘宝村发展报告(2014—2018)[R].2018.
　　⑤ 曾亿武,邱东茂,沈逸婷,等.淘宝村形成过程研究:以东风村和军埔村为例[J].经济地理,2015,35(12):90-97.
　　⑥ 中共中央国务院.乡村振兴战略规划(2018—2022 年)[EB/OL].(2018-09-26)[2022-04-08].http://www.gov.cn/xinwen/2018-09/26/content_5325534.htm.

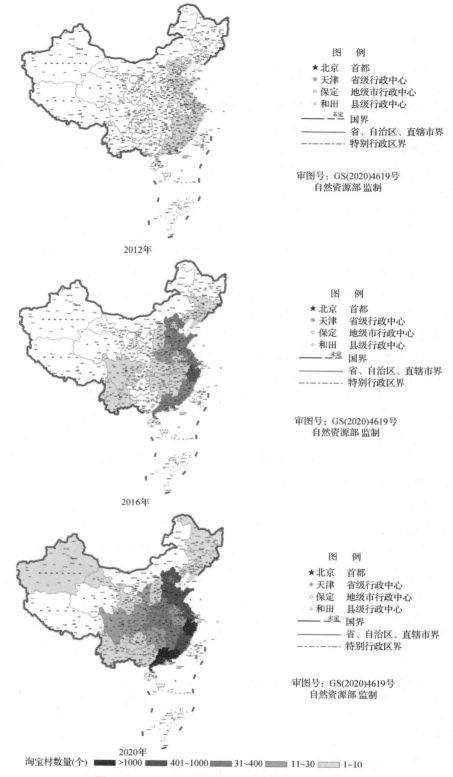

图例

★北京　首都
⊙天津　省级行政中心
○保定　地级市行政中心
○和田　县级行政中心
———未定　国界
———　省、自治区、直辖市界
-------　特别行政区界

审图号：GS(2020)4619号
自然资源部 监制

2012年

图例

★北京　首都
⊙天津　省级行政中心
○保定　地级市行政中心
○和田　县级行政中心
———未定　国界
———　省、自治区、直辖市界
-------　特别行政区界

审图号：GS(2020)4619号
自然资源部 监制

2016年

图例

★北京　首都
⊙天津　省级行政中心
○保定　地级市行政中心
○和田　县级行政中心
———未定　国界
———　省、自治区、直辖市界
-------　特别行政区界

审图号：GS(2020)4619号
自然资源部 监制

2020年

淘宝村数量(个)　■ >1000　■ 401~1000　■ 31~400　■ 11~30　□ 1~10

图1.2　2012—2020年淘宝村数量地理分布示意图

(图片来源：标准地图服务系统，http://bzdt. ch. mnr. gov. cn/browse. html？picId=％224o28b0625501ad13015501ad2bfc0480％22；数据来源：《2009—2019年中国淘宝村研究报告》《2020年中国淘宝村研究报告》)

"三农"工作的中央一号文件。2021年2月25日,中央专门成立了国家乡村振兴局。

纵观过去的40余年城镇化发展进程,可以发现乡村正在经历"由盛转衰"的过程,而其中根本的原因就是乡村不断地"失血",各种资源要素——人口、资金、技术等纷纷由乡村流出,而城市对乡村的"反哺"作用有限,间断性的"输血"运动无法真正激活乡村的发展活力①。电商经济的出现则一改往日城乡要素的单向流动特征,各种资源要素出现"反流"乡村的迹象,技术、资金、人才等纷纷回归乡村,实现了乡村自身的"造血"机能,为乡村振兴奠定现实基础。然而,电商村的发展却带着明显的时代特征,也面临着乡村振兴的普遍问题。对照"产业兴旺、生态宜居、乡风文明、治理有效、生活富裕"的总要求,我国的大多数电商村只是迈出"产业兴旺"发展的第一步,从产业发展到乡村全面振兴,"路漫漫其修远兮"。

乡村要振兴,产业兴旺是核心,生态宜居是关键。仅站在发展乡村经济的立场来实现乡村振兴,很容易陷入数十年来城市化"重数量、轻质量"的发展路径。以GDP为导向下的增长模式,使得城市的现代化发展水平与日俱增,但也随之产生了诸多"城市病"。乡村振兴要避免若干年后"乡村病"的出现,则需要正确处理乡村产业与其他要素的协同增长关系。显然,乡村振兴并非"表象"上的产业增收,其更深层次的意义在于促进乡村生产空间的集约高效、生活空间的宜居适度、生态空间的山清水秀,从而实现乡村中各要素的相互促进。梳理乡村振兴内在的规律性机制,把握产业与人居的发展需求与趋势,才能真正把握住乡村振兴中两个重要抓手,实现"产业兴旺"与"生态宜居"。

4) 浙江电商村的涌现机制与典型性

浙江省是中国乡村电商集群发展最早、速度最快、数量最多的省份之一。浙江电商村的涌现与长期以来的"块状经济"发展模式有必然联系。源远流长的经商、创业传统与电商的有机结合,孕育出大量电商村镇。浙江东南和北部县区最早出现电商村的雏形,并伴随着政府的推动和互联网的日益普及,呈现出跳跃式、几何级的增长态势。发展至2012年,浙江省拥有电商村的县区已占总行政县域单元的54%,主要集中在以义乌为首的浙中地区和东南沿海地区。

浙江省于2014年出台《浙江省农村电子商务工作实施方案》(浙政办发〔2014〕117号),2015年出台《关于发展和提升电子商务村的指导意见》(浙商务联发〔2015〕80号),鼓励电商村的进一步发展,并为其提供政策保障。2016年,电商村发展出现了明显的扩张现象,以嘉兴、萧山、余杭等为代表的浙北地区数量迅速增长,东南沿海地区的数量也在逐步提升,由此形成了金华义乌、嘉兴海宁与杭州萧山、温州乐清与台州温岭的三大电商村集聚分布区块。2020年,浙江电商村进一步增长,县域覆盖比例超过80%,并且由于电商村溢出和示范效应的增强,形成了4个主要聚集区②(图1.3):① 浙北平原区位;② 浙东南沿海区位;③ 浙中金衢盆地区位;④ 浙西南山地区位。

---

① 罗震东,陈芳芳,单建树.迈向淘宝村3.0:乡村振兴的一条可行道路[J].小城镇建设,2019,37(2):43-49.
② 单建树,罗震东.集聚与裂变:淘宝村、镇空间分布特征与演化趋势研究[J].上海城市规划,2017(2):98-104.

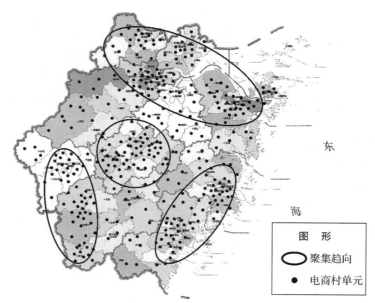

图 1.3   浙江电商村集聚区空间示意(2020 年)

(图片来源:根据文献整理自绘①)

浙江省乡村电商迅速崛起,已逐渐形成遍布县、镇、村的网络体系,并在浙江省政府的高度重视和支持下,展现出市场规模持续扩大、集聚效应加强、配套服务完善的特征。浙江义乌的小商品、永康的健身器材、温岭的鞋包、慈溪的小家电、乐清的电工电气产品等,这些地域性商品依托电商村集群发展,其销量也日益增加。以全国的视野来看,电商村增长是以浙江为中心,先在东部沿海省份扩散,进而向中西部地区扩散。因此,浙江对于全国电商村的建设具有明确的示范价值与先导作用。针对浙江电商村在长期发展过程中的特征提炼、经验总结与未来规划,将会为浙江乃至全国的电商村可持续增长提供理论支持与实证借鉴。

1.1.2   问题提出

不同于传统乡村的产业和人居增长,以电商为媒介的乡村产居要素突破固有的空间限定,促使乡村"产居混合"的现象大量涌现,并逐渐演化成为一种新的发展模式。一方面,功能混合、社群交融、空间多元,显现乡村电商的产居混质活力;另一方面,由于长期以来的乡村发展遵循一定的路径依赖,面对动因复杂、形态多样、自下而上的电商村发展,制度导控一直缺乏行之有效的体系和策略②。

2005 年起,电商村的发展热潮迅速波及全国,然而这种自下而上的增长模式没有引起国家足够的重视与引导,使得电商村虽然"遍地开花",但却多为"野蛮生长"。乡村电商的涉入门槛低,经济效益高,投资少回报快,这也就可以很好地解释了为什么仅仅数年时间,电商村便能够以爆发式的增长席卷全国,甚至在山东菏泽曹县出现了"乡村包围城市"的现象,依

---

① 单建树,罗震东. 集聚与裂变:淘宝村、镇空间分布特征与演化趋势研究[J].上海城市规划,2017(2):98 - 104.

② 朱晓青. 基于混合增长的"产住共同体"演进、机理与建构研究[D]. 杭州:浙江大学,2011:43 - 46.

靠电商作坊经济创造出高达464亿元的GDP产值。然而,隐藏在电商村表象繁荣之下的是建设管理的滞后,具体表现为空间建设失序、存量与质量不足、受益主体错位、功能布局偏差、传统秩序失衡等问题。

1)弱管制力下的乡村空间建设失序

乡村电商产业往往需要大量的生产与经营空间,村民自发进行宅基地扩建或改造建设,来满足电商空间需求,更有甚者选择远离村庄,在一些交通要道周边建设临时厂房,还有村民在路边、耕地旁违章搭建。然而,受限于用地条件,大部分的乡村开发现状已然是一种高密度和低容积率的状态,对现有空间"挤压式"的填充,无疑会对乡村原有的生活场景、公共空间、景观风貌造成破坏。当电商村展现出强大的发展活力并出现一定的问题时,乡村治理能力无法及时跟进,基本处于一种缺失的状态。在利益的驱使下,产权所有者(村民)与空间使用者(电商从业者)都缺乏对乡村可持续发展的长远考虑,无法实现乡村持续健康发展,成为乡村振兴建设的难题①。

事实上,电商村的转型比其他乡村产业转型所需要花费的时间更短,这必然使得乡村的空间扩张与溢出速度过快。目前高速发展的电商村发展路径相异②,许多乡村将城镇化作为发展标杆,大面积的"撤村并居""集中居住""农民上楼"等现象,使原先的乡村风貌、社会关系逐渐消亡。也不乏一些电商村在政府的指引下进行了整体规划,但也难免出现"兵营式""棋盘式"的机械式空间布局,与原有的乡村聚落机理脱离,与周边的环境风貌不协调。另外还有一些电商村起步较晚,在市场竞争中面临的资源争夺情形更为惨烈,而现有的空间聚集形式往往难以适应其发展需求,不得不在传统村落肌理上非法"加建加高",在建筑质量和消防方面存在忧患。

2)功能转型下的乡村空间存量与质量不足问题突显

电商驱动下的乡村功能转型,需要乡村空间作为支撑载体,在此过程中却暴露出乡村空间"存量"与"质量"不足的问题:① 早先村民自发建造的村宅面积小,建筑面积每层仅有30~50 m²,除了生活功能外可供经营的面积有限,过于狭小的建筑面积也容易造成产居空间的"黏合"或"共用",形成一定程度的相互干扰;② 电商村内经常出现无论是电商作坊内,抑或是闲置村宅内(对外出租)都堆满货物的景象,严重影响了普通村民在乡村的生活舒适度;③ 部分村宅在早期布局时也存在较多不合理的设计,有些村宅甚至必须通过泥泞小路才能到达,难以支撑乡村电商经营规模的持续扩大;④ 村宅通常是砖混结构的建筑,质量相对城市中的建筑较差,屋顶也多为瓦片,一旦遭遇极端天气,容易造成货品损坏及安全隐患;⑤ 在"十八亿亩耕地红线"要求下,许多乡村建设用地存量捉襟见肘,无力回应乡村电商发展对集体经营性建设用地的增量需求。"存量挖潜"的方式也并不能解决量大面广的乡村电商发展的空间需求。

① 罗震东,陈芳芳,单建树.迈向淘宝村3.0:乡村振兴的一条可行道路[J].小城镇建设,2019,37(2):43-49.
② 黎少君,史洋,PETERMANN S.电商人居环境设计与"三生"空间:以城中村淘宝村为例[J].装饰,2020(10):115-119.

3) 资本涌入下的乡村受益主体发生错位

随着电商村影响力与日俱增,"互联网+"带来的巨大商机必然会引起资本的关注,从而促使资本争相加入争夺"互联网+"带来的可观红利。在地方资源有限、市场尚未成熟、发展引导不足的情况下,爆发式涌入的资本往往会使电商村发展陷入"内卷化"①的竞争。然而在资本获利的同时,真正应该获益的农村、农民、农产品往往收效甚微。即便是看上去风光无限的乡村电商网红,诸如之前爆火的李子柒,也因为利益划分不均等问题,最终选择了黯然退场。看似如火如荼的乡村电商发展"热现象"下,需要客观和长远的"冷思考":电商村的发展怎样才能真正地做到取之于乡,利之于民?

4) 供求失衡下的乡村功能布局偏差

一方面,现有的经营空间无法满足电商从业者迅速增长的经营需求,很多原先的村民自建住房开始转为仓库使用,但缺乏相应的专业化设施配置和空间管理。旺季尤其像"双十一"等活动之际,许多电商村出现了爆仓现象,"侵街""堆田"现象也屡见不鲜。原本的活动广场和街道空间也被迫用于堆放货物、停放车辆。

另一方面,居住者无法享有理应同步提升的乡村生活环境。电商的快速发展确实带动了乡村人口的回流,让乡村居民在经济上有所改善,但随之而来的医疗、健康及休闲娱乐等方面也出现了更高的升级需求,而现有的乡村还无法提供充分的公共服务和基础设施;再加上基层政府过于关注电商产业的发展,却很少关注生活、教育等支撑服务,使得相对富裕的村民开始选择进入县城消费购房或将孩子送至县城读书,这样一来在电商村中便很少能够见到学龄儿童的身影,以往留守儿童和老人占主体的乡村开始出现劳动力的"反留守"现象②。长此以往,乡村原有的生活功能和服务功能将会出现明显的变化,生产与生活的供求均衡性进一步被削弱。

5) 社群分化下的乡村传统秩序失衡

在"互联网+"的时代背景下,资本以敏锐的嗅觉迅速地流入乡村并在乡村开展了各种逐利行为③。从某种程度上来讲,它是城市增长主义渗透到乡村地区的一种具体表现,也可以理解成增长主义范式在乡村的集体爆发④。大批电商的迅速进驻,使得乡村空间出现了多样化的使用主体,外来人员和村民共同成为乡村空间的使用者,这样一来就造成了村民与外来人员之间因空间需求各异而形成利益诉求上的矛盾和冲突。事实上,受限于村庄有限的空间资源,两者的需求很难被同时满足,各方之间如何在有限资源下协同发展成为问题的关键。

除此以外,乡村电商在发展中也逐渐迫使原先的村民出现了阶层分化。本地村民本应

---

① "内卷化"代表了一种发展的状态或模式,它表达了一种"路径依赖",即一旦进入某种状态或形成某种模式,其"刚性"特征将不断地限制和约束进一步的发展,从而无法自我转变到新的状态或模式。简而言之,内卷化所描述的实际上是一种不理想的变革(演化)形态,也即没有实际发展(或效益提高)的变革和增长。

② 陈宏伟,张京祥.解读淘宝村:流空间驱动下的乡村发展转型[J].城市规划,2018,42(9):97-105.

③ 涂圣伟.工商资本下乡的适宜领域及其困境摆脱[J].改革,2014(9):73-82.

④ 张天泽,张京祥.乡村增长主义:基于"乡村工业化"与"淘宝村"的比较与反思[J].城市发展研究,2018,25(6):112-119.

成为工农业的剩余劳动力,通过重新获得生产资料,成为乡村空间支配的核心①。但随着电商村的快速发展,原先村民的"地缘"和"血缘"纽带被经济利益关系纽带所替代,乡村的实体空间也转为被电商从业者先行支配,"反客为主"现象愈发明显。村庄空间不再以居住生活为主要目标,其功能与秩序被重新塑造。

1.2　研究综述

1.2.1　电子商务村:多元化实践与多视野探究

1)多元化的"电子商务+乡村产业"实践

在中国开始发展乡村网络交易领域时,美国、日本、韩国等乡村已经形成了成熟的电商发展模式,具备一定的经验可供借鉴②:① 2000 年起,日本政府制定"乡村信息化战略"③,完善了乡村的信息通信、基础设施,制定了不同的农产品发送、订货及结算标准,完成了大批量的电子交易系统升级和改造,夯实了乡村电子商务发展的基础。② 2001 年 3 月,由韩国农林部牵头,多部门联合开展"信息化示范村"的建设工作④,设立了行政自治部专门负责具体的运营事项,其主要内容包括构建基础网络设施、建立村信息中心、确立完善的运营体系、提供人才教育培训服务等。韩国通过推动电商发展运动,使得乡村电子商务由原先的"量"的发展开始向"质"的突破。③ 美国是世界上最早发展乡村电子商务的国家,通过"社区化运营+电子商务销售"的模式,使得乡村产品被市场选择。2007 年美国农业普查显示,全美从事"社区支持农业项目"(CSA)业务的乡村农场约 1.25 万个,使得乡村地区的软、硬件环境都有着明显的提升⑤。

相比于国外,国内乡村电商主要从两个方面来进行拓展⑥:一是电商企业构建服务平台,其中的典型代表有阿里巴巴、京东、苏宁、拼多多等企业,催生出了典型电商村包括山东省菏泽市曹县大集乡丁楼村、广东省揭阳市揭东区锡场镇军埔村、山东省滨州市博兴县湾头村,以及浙江的义乌青岩刘村、丽水缙云县北山村、临安白牛村等;二是由政府建设专门的农业网站,为农民提供电商销售平台,这种发展形式在电商村早期发展更为适用,后期体量较大后仍需要专业企业介入。

关于国内现有电商村实践的统计分析,较为系统、全面、权威的是由阿里研究院组织开展实施的。2014 年 12 月,阿里研究院首次发布《中国淘宝村研究报告(2014)》⑦,对中国淘宝村当年的发展状况进行了总结分析,并对未来的发展趋势做出了预判。2015 年 2 月,出版

① 黎少君,史洋,PETERMANN S. 电商人居环境设计与"三生"空间:以城中村淘宝村为例[J]. 装饰,2020(10):115-119.
② 农业工程技术编辑部. 细数国外农村电商的发展史[J]. 农业工程技术,2016,636(24):49-50.
③ 周颖. 日本制定 21 世纪农村信息化战略计划[J]. 中国农业信息快讯,2001(2):28.
④ 王沛栋. 韩国农村建设运动对我国农村电子商务发展启示[J]. 河南社会科学,2017,188(12):59-63.
⑤ 杨程. 国内外农村电子商务运营的主要模式[J]. 现代企业,2018(7):115-116.
⑥ 吴泽涵. 基于关系资本的淘宝村竞争优势研究[D]. 汕头:汕头大学,2014.
⑦ 阿里研究院. 中国淘宝村研究报告(2014)[R]. 2014.

《中国淘宝村》①一书,对 14 个典型电商村的兴起发展过程进行了翔实介绍。自此以后,每年阿里研究院都会公布相应的调研报告,并于 2020 年发布了《淘宝村十年:数字经济促进乡村振兴之路》,总结了在 2009—2019 的十年期间,以淘宝村为主要代表的电商村发展规模和空间分布,以及在增加农民收入、带动返乡创业、促进产业兴旺等方面凸显出重要的经济、社会价值等②③。

2) 多维视野下的电商村学术研究

因为电商村具有中国的地域特征和时代特性,因此针对电商村的研究大多数由国内学者完成。在 Web of Science、Sciencedirect、Elsevier、Scopus 等平台中,以"Taobao Village""E-commerce Village""Rural E-commerce"为检索用词,以"全文"为检索字段。通过快速浏览摘要进行筛选,保留那些以电商村为主要研究内容的学术论文,最终仅查询到 10 余篇可供参考的文献,主要聚焦于电商村的演化轨迹特征④、空间集聚分布⑤、生计、土地、文化、社会变革⑥等,且主要撰稿者多为中国学者。

总的来看,电商村最早是作为一种新型经济现象被学者们所关注,其早期研究内容覆盖了电商村产业集群与演化⑦⑧、产业发展与应用⑨、扶贫价值与模式创新⑩等。而后,聂召英等⑪开始关注小农户与互联网市场衔接机制,隋海涛等⑫则分析了"生鲜农产品上行"和"工业品下行"的 B2B 与 B2C 模式,孙立玲等⑬则以广东军埔电商村为代表,探讨了建设电商产业园的利弊。经济学家对于电商村的研究,其重点落在产业本身,如何形成长效、健全的乡村电商运行机制是论证的焦点所在。

地理学界对于电商村的研究视野更为宏观。单建树等⑭聚焦全国视角,发现电商村、镇具有显著的集聚分布特征,徐智邦等⑮则通过研究发现电商村主要聚集于长三角、珠三角、

① 阿里巴巴(中国)有限公司. 中国淘宝村[M].北京:电子工业出版社,2015.
② 阿里研究院. 中国淘宝村研究报告(2009—2019)[R]. 2019,8.
③ 郝国强. 特色农产品电商营销模式及技术支持研究[J].广西民族大学学报(哲学社会科学版),2019,41(1):77 - 84.
④ ZHOU J, YU L, CHARLES L l. Co-evolution of technology and rural society:The blossoming of taobao villages in the information era, China[J]. Journal of Rural Studies,2021,8(83):81 - 87.
⑤ LIU M, ZHANG Q, GAO S, et al. The spatial aggregation of rural e-commerce in China:An empirical investigation into Taobao Villages[J]. Journal of Rural Studies,2021,10(22):81 - 87.
⑥ WANG C C, MIAO J T, PHELPS N A, et al. E-commerce and the transformation of the rural:The Taobao village phenomenon in Zhejiang Province, China[J]. Journal of Rural Studies,2021,12(80):403 - 417.
⑦ 张作为. 淘宝村电子商务产业集群竞争力研究[J].宁波大学学报(人文科学版),2015,28(3):96 - 101.
⑧ 刘亚军,储新民. 中国"淘宝村"的产业演化研究[J].中国软科学,2017(2):29 - 36.
⑨ 骆莹雁. 浅析我国农村电子商务的发展与应用:以沙集淘宝村为例[J].中国商贸,2014(2):72 - 75.
⑩ 王嘉伟. "十三五"时期特困地区电商扶贫现状与模式创新研究[J].农业网络信息,2016(4):17 - 21.
⑪ 聂召英,王伊欢. 链接与断裂:小农户与互联网市场衔接机制研究——以农村电商的生产经营实践为例[J].农业经济问题,2021(1):132 - 143
⑫ 隋海涛,郭风军,张长峰,等. 山东省生鲜电商村运营模式研究[J].中国果菜,2021,41(12):79 - 84,36.
⑬ 孙立玲,王烁生,黄淯斌. 淘宝村模式下的电商产业园的思考:以广东省揭阳市军埔电商村样本[J]. 现代交际,2016(19):34 - 36.
⑭ 单建树,罗震东. 集聚与裂变:淘宝村、镇空间分布特征与演化趋势研究[J].上海城市规划,2017(2):98 - 104.
⑮ 徐智邦,王中辉,周亮,等. 中国"淘宝村"的空间分布特征及驱动因素分析[J].经济地理,2017,37(1):107 - 114.

京津冀等沿海发达地区,李楚海等①发现浙江省电商村空间格局存在区域联系日趋增强,并具有地理邻近性的特征,且区域空间结构也向多核心、网络式方向发展。彭红艳等②发现在电商村集聚增长的同时,也存在大量电商村消亡现象,消失的电商村轨迹呈现"先增后减再增"的特点,同质化竞争、行业内卷化、市场敏锐度不足是导致电商村消失的主要原因。更多的学者也对电商村空间格局的形成机制、发展模式、驱动因素进行了分析③④⑤。

基于管理学视角的电商村研究主要包括:以郭红东等人⑥为代表,详细分析了电子商务协会是如何推动电商村运行的,揭示了其内在的运行机制和发展规律,提出了如何发挥电子商务协会的行业自律性来促进电商村发展的问题。梁强等⑦分析和归纳了乡村电商包容性创业集群的形成过程和基本路径,并提出政府在其中需要扮演的角色和能提供支持的四个方面。朱呈访⑧通过研究发现政府驱动下的电商村发展模式具有内生动力性,其中发展思维、学习能力、合作交流、内在组织等关键要素发挥重要作用。李谊苏⑨运用产业集群理论解释了电商村集群成长的演化过程,探讨了政府赋能下的电商村集群式成长。

从社会学视角入手,房冠辛⑩认为电商村可以融合乡村传统和现代因素,在赋予农民充分自主权的基础上,实现了对"农业、农村、农民"的一体配套式改造;吴昕晖等⑪认为电商村与发展乡村旅游业、文化产业等第三产业共同组成了国内乡村重构的 3 种模式,乡村在网络的帮助下已然成为新的发展极;周大鸣等⑫研究发现,现有的乡村社会空间模式为电商产业顺利转型奠定了基础,同时也能促进乡村的生计模式由单一化发展向多元化发展迁移。

3)规划建筑学领域内的电商村空间学术研究

电商村的发展演化与经济变迁,必然需要以乡村空间作为载体,众多学者以规划建筑学

① 李楚海,林娟,伍世代,等. 浙江省淘宝村空间格局与影响因素研究[J]. 资源开发与市场,2021,37(12):1433 - 1440.

② 彭红艳,丁志伟. 中国淘宝村"增长-消失"的时空特征及影响因素分析[J]. 世界地理研究,2021(12):1 - 16.

③ 刘传喜,唐代剑. 浙江乡村流动空间格局及其形成影响因素:基于淘宝村和旅游村的分析[J]. 浙江农业学报,2016,28(8):1438 - 1446.

④ 周静,杨紫悦,高文. 电子商务经济下江苏省淘宝村发展特征及其动力机制分析[J]. 城市发展研究,2017,24(2):9 - 14.

⑤ 胡垚,刘立. 广州市"淘宝村"空间分布特征与影响因素研究[J]. 规划师,2016,32(12):109 - 114.

⑥ 曾亿武,郭红东. 电子商务协会促进淘宝村发展的机理及其运行机制:以广东省揭阳市军埔村的实践为例[J]. 中国农村经济,2016(6):51 - 60.

⑦ 梁强,邹立凯,杨学儒,等. 政府支持对包容性创业的影响机制研究:基于揭阳军埔农村电商创业集群的案例分析[J]. 南方经济,2016(1):42 - 56.

⑧ 朱呈访. 政府驱动"淘宝村"的自我成长机制研究:基于双案例对比分析[J]. 岭南师范学院学报,2021,42(4):90 - 99.

⑨ 李谊苏. 政府赋能驱动下的淘宝村集群式成长动力机制:以江苏沙集镇为例[J]. 市场周刊,2021,34(1):82 - 84.

⑩ 房冠辛. 中国"淘宝村":走出乡村城镇化困境的可能性尝试与思考——一种城市社会学的研究视角[J]. 中国农村观察,2016(3):71 - 81,96 - 97.

⑪ 吴昕晖,袁振杰,朱竑. 全球信息网络与乡村性的社会文化建构:以广州里仁洞"淘宝村"为例[J]. 华南师范大学学报(自然科学版),2015,47(2):115 - 123.

⑫ 周大鸣,向璐. 社会空间视角下"淘宝村"的生计模式转型研究[J]. 吉首大学学报(社会科学版),2018,39(5):22 - 28.

的视角切入,分析电商村在不同发展阶段的空间规律、特征、效应等。刘本城等[①]以微观视角切入,分析了乡村电商的产业发展所经历的不同阶段,以及生产空间出现的不同形态变化。他认为在此过程中乡村的内部格局发生重构,各个功能空间上表现出明确的专业分工发展态势,生产空间的分布出现了明显的交通和规模指向。吴丽萍等[②]在研究中指出,电商发展初期多会受到领军企业的示范影响,在社会网络的充分支配下,空间发展呈现出"产居一体化"的发展特点,并表现出由点到面迅速增长的特征。任晓晓等[③]总结出电商存在的三个时空发展阶段,分别为初步发展阶段、迅速发展阶段和平稳发展阶段,通常是以某一区域为中心,或者通过渐进式发展,或者通过跳跃式发展形式不断向外围辐射,逐渐形成各种类型的"小范围集聚、大范围分散"的空间格局。王林申等[④]、陈宏伟等[⑤]学者认为电商村中集中着信息要素,并吸附"人流""物流""资金流""技术流"等的"流空间",其受"流空间"影响并做出地理空间的响应,又溢出"流空间"对周边外部空间进行影响。

李硕[⑥]在研究中发现电商功能呈现出持续发展的态势,而生活功能则是先增后减。罗震东等[⑦]在研究中指出,电子商务驱动下的乡村城镇化是对乡村地区社会经济环境与物质空间的系统重构,具有非农化跃迁和全面现代化的新型城镇化特征。陈炯臻等[⑧]从空间分布、产居空间变化、流空间和主导产业布局特征等4个方面对电商村的空间特征进行系统梳理,并总结不同空间特征对电商村发展的影响和作用。黎少君等[⑨]以乡村电商的典型空间"城中电商村"为例,对该区域的人居环境问题进行了系统分析,结合"三生"理论提出了"三生"空间设计理念。曾亿武等[⑩]总结电商村的形成与演化动因,主要包括8个方面:产业基础、电商平台、创业能人、基础设施、社会网络、地方政府、电商协会、市场需求。此外还有研究运用社会网络理论、空间生产理论等进行电商村的个案研究,如以青岩刘村和沙集镇为代表的电商村发展模式[⑪],以军埔村、里仁洞村等为代表的电商村空间演变及其运行机制[⑫]等。

① 刘本城,房艳刚. "淘宝村"电商生产空间演变效应及优化:以山东省曹县大集镇丁楼村为例[J]. 地域研究与开发,2020,39(5):138-144.

② 吴丽萍,王勇,李广斌. 电商集群导向下的乡村空间分异特征及机制[J]. 规划师,2017,33(7):119-125.

③ 任晓晓,丁疆辉,靳字含. 产业依托型淘宝村时空发展特征及其影响因素:以河北省羊绒产业集聚区为例[J]. 世界地理研究,2019,28(03):173-182.

④ 王林申,运迎霞,倪剑波. 淘宝村的空间透视:一个基于流空间视角的理论框架[J]. 城市规划,2017,41(6):27-34.

⑤ 陈宏伟,张京祥. 解读淘宝村:流空间驱动下的乡村发展转型[J]. 城市规划,2018,42(9):97-105.

⑥ 李硕. 电子商务作用下的曹县丁楼村空间重构研究[D]. 济南:山东建筑大学,2020.

⑦ 罗震东,何鹤鸣. 新自下而上进程:电子商务作用下的乡村城镇化[J]. 城市规划,2017,41(3):31-40.

⑧ 陈炯臻,季翔,洪小春. 基于产业主导的淘宝村空间发展特征与展望[J]. 现代城市研究,2020(6):18-25.

⑨ 黎少君,史洋,PETERMANN S. 电商人居环境设计与"三生"空间:以城中村淘宝村为例[J]. 装饰,2020(10):115-119.

⑩ 曾亿武,蔡谨静,郭红东. 中国"淘宝村"研究:一个文献综述[J]. 农业经济问题,2020(3):102-111.

⑪ 罗建发. 基于行动者网络理论的沙集东风村电商—家具产业集群研究[D]. 南京:南京大学,2013.

⑫ 吴昕晖,袁振杰,朱竑. 全球信息网络与乡村性的社会文化建构:以广州里仁洞"淘宝村"为例[J]. 华南师范大学学报(自然科学版),2015,47(2):115-123.

1.2.2　产居共生:混合增长目标下的地域性探索

1) 乡村"产居共生"的实证与多路径探索

乡村"产业"增长与"人居"提升在国内外相关的学术、政策研究及实践探索中始终是热点、焦点。具体到国外发达经济体的案例实证,20 世纪 70 年代初,韩国开展"新村治理"运动,针对性地改造乡村产业与人居空间,对传统乡村聚居进行了类城镇的生产、生活协同组织①;日本自 1979 年起开展因地制宜的"一村一品"运动,土地混合使用和产居混合模式引导成为实践操作的重点之一②;德国相继颁发了《联邦土地整理法》《建筑法典》等一系列管控制度,规范乡村生产与居住的土地区划、功能管束、空间限定等建设标准;美国农村社区使用积极的税收措施,鼓励乡村产业发展和人居环境建设,强化了功能混合的体系;澳大利亚则通过"政府引导—精英参与—非政府组织(NGOs)协同"的合作供给模式,实现对乡村的产业提升与人居善治③。

国内关于乡村"产业"与"人居"融合的研究开始于 20 世纪 80 年代,费孝通立足于中国乡土化的发展研究,关注"产居共生"的地域现象,并建立了"产业—聚居共同体"的雏形框架④。其后,乡村产居共生的研究衍生至多元视角:① 区域增长视角:黄宗智以长三角流域生产型乡村聚落为实证,提出产居共生的区域增长动因渊源⑤;② 经济发展视角:郑浩澜根据工业型乡村中私营个体的经营方式,剖析"家庭工坊"等"社会化小生产"对乡村经济与人居发展的反馈作用;③ 城乡建设视角:陈修颖等阐释了浙江地区的乡村产居功能混合现状⑥,凸显乡村产业发展与城乡建设的协同作用;④ 空间推演视角:杨贵华对"产住共同体"的空间建构过程进行了模拟,并提出了自组织作用下的空间推演机制⑦。近年来,更多的学者⑧⑨⑩以不同的视角开展"产居共生"的学术研究,从小微产业下的"场所实证",到本土化"以产兴居"的建设路径探索,都为研究提供了扎实的基础和启示作用。

2) 电商村"产居共生"的相关研究拓展

从当前来看,学界围绕着电商村产居关系展开的研究仍停留在初步探索阶段,而很多学

---

① JUNG W S, DONG-WAN G. South Korea's Saemaul (New Village) movement: An organisational technology for the production of developmentalist subjects[J]. Canadian Journal of Development Studies，2013,34(1):22-36.

② CHAWEEWAN D, KOCHAKORN A. Similarity and Difference of One Village One Product (OVOP) for Rural Development Strategy in Japan and Thailand[J]. Japanese Studies Journal Special Issue: Regional Cooperation for Sustainable Future in Asia，2012,21(5):52-62.

③ CHRIS C, JACQUI D. Sustainability and Change in Rural Australia[M]. Sydney: The University of New South Wales，2005:15.

④ 费孝通. 乡土中国[M]. 北京:三联书店,1985:9.

⑤ 黄宗智. 长江三角洲小农家庭与乡村发展[M]. 北京:中华书局,2000:36.

⑥ 陈修颖,叶华. 市场共同体推动下的城镇化研究:浙江省案例[J]. 地理研究,2008,27(1):33-44.

⑦ 杨贵华. 社区自组织能力建设的体制、政策法律路径[J]. 城市发展研究,2009,16(3):117-121.

⑧ 屠黄桔,王影影. 产业融合视角下苏南乡村工业空间优化策略研究[J]. 湖北农业科学,2018,57(10):129-133.

⑨ 颜思敏,陈晨. 白茶产业驱动的乡村重构及规划启示:基于浙江省溪龙乡的实证研究[J]. 现代城市研究,2019(7):26-33.

⑩ 邰艳丽,郑皓昀. 传统乡村治理的柔软与现代乡村治理的坚硬[J]. 现代城市研究,2015(4):8-15.

者采取的研究也多是以个案为研究起点,而后以定性分析的方法将个案中的规律部分向外延伸形成更为聚焦的研究,试图得到普适性的结论。周思悦等①通过研究发现传统的乡村产业发展往往会存在认知锁定、经济锁定和治理锁定,多重锁定之间交叉重叠将导致乡村产业与人居发展的不可持续。与之相对应,蔡晓辉②则归纳出新型电商产业集群对乡村人居空间的影响:引发新的空间需求,驱动乡村用地扩张;催生新的服务产业,推动乡村功能升级;触发新的空间演变,促进乡村格局重构。

针对具体的产居共生关系,杨思等③发现乡村在经历"工业化发展期—商业转型期—电商升级期"的演变历程中,原有单一、混乱的乡村空间形态向更加多元化、集聚化、立体化的新垂直和水平产居空间发展;张英男等④对农业和旅游电商村空间重构进行研究,发现其农业空间逐渐萎缩,非农空间扩张,复合功能空间增多,社会网络空间稳定化等特质;钱俭等⑤以义乌市青刘岩村为研究样本,发现租金水平及物流业的便利性能够减弱后发劣势,从而促成乡村产居空间"蛙跳式"的由点带面状增长;许璇等⑥也通过比较3种不同类型的电商村产居空间的演变,发现其具有从就近拓展到近距离拓展再到较远距离拓展的发展规律。

在电商村产居空间扩张的同时,也存在诸多隐患与问题。张嘉欣等⑦认为自发形成的电商村在其发展过程中容易遇到瓶颈,在里仁洞村突出表现为土地存量不足、电商人才缺乏、商品同质化,以及交流平台不足引发不良竞争,人居基础建设不足制约产业长远发展。此外,她还提出电商村对人流、信息流等流空间要素的吸引能力增大,使得社会网络空间重构,居住空间和原有社会网络结构向外来者及其社会网络空间让渡⑧。

1.2.3　研究评述

(1) 研究方法层面:综合来看,目前国内电商村的相关学术研究成果不断增多,而其中的一些研究所进行的有益探索助推了近些年相关理论的构建,让学界建立起对电商村的基本认知,也能更深刻地解读电商村背后的发展观。然而,主流的研究采用的仍然是案例研究和定性论述相结合的方法,由于现实问题的复杂性,该研究模式难以对电商村进行精准的描述与评价。精准的量化研究尤其是基于计量模型的评价方法,也需要被结合应用于该领域的研究,从而获取更具有科学性、数理性的研究成果。

---

①　周思悦,申明锐,罗震东. 路径依赖与多重锁定下的乡村建设解析[J]. 经济地理,2019,39(6):183-190.

②　蔡晓辉. 淘宝村空间特征研究[D]. 广州:广东工业大学,2018:45.

③　杨思,李郇,魏宗财,等. "互联网十"时代淘宝村的空间变迁与重构[J]. 规划师,2016,32(5):117-123.

④　张英男,龙花楼,屠爽爽,等. 电子商务影响下的"淘宝村"乡村重构多维度分析:以湖北省十堰市郧西县下营村为例[J]. 地理科学,2019,39(06):947-956.

⑤　钱俭,郑志锋. 基于"淘宝产业链"形成的电子商务集聚区研究:以义乌市青岩刘村为例[J]. 城市规划,2013(11):79-83.

⑥　许璇,李俊. 电商经济影响下的淘宝村产居空间特征研究:以苏州市4个淘宝村为例[C]. 中国城市规划学会、杭州市人民政府. 共享与品质:2018中国城市规划年会论文集,2018:55.

⑦　张嘉欣,千庆兰,姜炎峰,等. 淘宝村的演变历程与空间优化策略研究:以广州市里仁洞村为例[J]. 城市规划,2018,42(9):114-121.

⑧　张嘉欣,千庆兰,陈颖彪,等. 空间生产视角下广州里仁洞"淘宝村"的空间变迁[J]. 经济地理,2016,36(1):120-126.

（2）研究视角层面：目前，围绕着电商村现象展开的研究，主要集中在国家或地区层面的空间分布特征、演化趋势、经济效益、社会影响等，而在农户、村域等微观层面展开的研究还相对不足；聚焦在社会、政治及经济等诸多层面，关注具体人居提升、产业承载、空间优化的研究较少。而"产业"和"人居"作为支持电商村发展的两个基点，对其在空间上相互"共存""共融"的构成特征厘清尤为重要。现有研究对于电商村"产"与"居"微观的内生动力与空间组织存在视野盲区，迫切需要理论补充和针对性的研究探索，为制定政策标准和深化实践提供一定的参考。

（3）研究经验层面：电商村产居共生的理论研究仍停留在起始阶段，更多为观念和认知层面的研究，在制度体系和方法构建上还有待深化和进一步验证。此外，现有的研究文献数量虽然已有不少，但彼此之间缺乏充分整合，在整个研究过程中更侧重于现象到理论的推演，而忽视了具体的应用与操作。总体来看，个案研究多，统筹研究少，特别是对多样化、特色化的电商村产居共生现象没有形成系统性的问题阐述、特征分析、量化评价、策略导控的闭环研究逻辑。

1.3 研究目的与意义

1.3.1 研究目的

1）面对电商村的增长热潮，建构产居共生发展的认知框架

在"互联网＋"的影响下，电商村的发展处于"高歌猛进"之中，相关的学术研究也成为当下热点之一。然而回归乡村的产业与人居本质，需要在电商村发展足够惊艳的同时，仍然潜下心来进行反思：电商村呈现出何种独特的乡村产居空间形态、模式及结构特征？电商经济究竟对乡村产居空间演变的影响机制如何？在这种影响机制下，乡村空间产生了何种变化？电商产业的空间具有怎样的特征，与旧有的人居空间具有怎样的相互关系？对电商时代背景下乡村的规划有何借鉴与启示？这些问题均需从深入的角度进行多维度、多视角的剖析与研究。研究尝试性地构建理论框架与实践路径，并将当下片段化的、零散式的认识梳理成较为深入性的理解和分析，从而对电商村的产居共生发展进行一个系统解读。

2）跳脱就空间论空间的局限性，厘清电商村产居共生发展的多元维度特征

作为电商村建设的重要构成部分，产居共生的内涵应突破传统规划学、建筑学视角下的认知而有所延伸。在内容上，为达到产居共生式发展的提升目标，研究需要涵盖社会、经济、环境等维度内容，突破"就空间论空间"仅注重物质空间建设的局限；在脉络上，研究主要是站在过程性的视角上进行，深入探讨电商村产居共生演变规律，针对过程中各个环节存在的内部机制分别展开深入剖析，推演电商村"产业—人居"双向度的作用关系；在主体上，现有研究忽略了对电商从业者以及村民等多个主体利益诉求的分析探究，研究不仅需要关注政府、规划建筑专业者的决策行为，更需要关注自下而上村民、电商从业者的参与、监督、决策、实施与运营。厘清多维度的电商村产居发展的特征，将聚焦要点从物质空间延伸至多元化

的要素整合,有利于为当下电商村的发展找到合理的定位,提出产居关系共生的理想模式。

3)综合理论探究与实证模拟,提供乡村产居共生式营建的理论依据与策略支持

与电商村产居环境密切关联的各种保障体系尚未建立完善,也亟须对电商产居空间进行充分的评估,探索出相应的提升策略。研究将探寻乡村产居关键的共生要素与特征,通过图谱等量化研究方法与模型,解析产居空间之间的耦合关系及总体格局,再加以归纳并总结规律。结合当下的电商发展与产居现状需求,以共生理论分析电商村产居空间的适应性方法,总结其应对电商经济的适应性经验,进而提出适宜的电商村产居空间在地营建方法与策略。

1.3.2　研究意义

1)理论意义:"产居共生"机制下的"破、立、融"

(1)"破"——转译"产居分置"的研究思维定式。由于乡村区别于城市特殊性,产业与人居往往会在地理空间上高度混合。若采用传统"类型化""单维度"的方法来进行研究,无法对电商村中的产居二元进行有效梳理。因此,首先要解决的问题就是以一个整体的思维来解析产业与人居,将其作为构建电商村的两个基本单元,始终将其作为研究的重要线索贯穿于研究中,从多个维度上构建相应的理论范式,以揭示产居共生体系所存在的多样性和复杂性特征。

(2)"立"——建构"动态博弈"的产居演化模型。产居二元之间的相互作用力是推动电商村空间演化的显性因素,然而缺乏对其具体动因和机制科学的认知与解读。研究的核心意义在于探索电商村演变过程中产居的"竞争、协同、转变"等机制,以产居关系的动态变化为自变要素,探寻电商村空间、社会、经济演化与"内源性""外源性"因变法则。

(3)"融"——整合"时空量化"的产居格局特征。电商村的产居共生研究已有一定的基础,但仍然以定性、客观描述为主,而少数的量化评价方法也难以应对复杂的现实情况。对于乡村产居空间在电商经济影响下的格局量化研究则始终缺乏,这将导致具体的管控策略缺少科学依据。研究创新性地采用图谱研究方法,整合电商村的时间、空间、时空格局特征,为产居共生的适宜性导控策略奠定基础。

2)现实意义:"产居共生"实证下的"消、适、创"

(1)"消"——减避"产居混杂"的区域发展矛盾。不稳定的社会组织和空间利用,将极大地影响电商村的稳步持续发展。着眼于电商村的产居演变历程,兼顾电商产业发展和村民生活等多方面需求,有针对性地提出优化方案,不仅能促进产居功能的良性混合,消除产业发展与人居提升之间的矛盾,而且对于乡村经济可持续增长、活力保持、环境整治等具有重要意义。

(2)"适"——探索"地域适宜"的建设管束策略。由于电商村的类型不同以及地方治理方式的差异,各自发展也必定朝着不同的路径行进。研究通过产业维度分型,针对多样化、分散性、就地式的电商乡村发展类型,寻求最适合的地域适宜建设策略,避免运用不适宜的规划手段干预,从而起到保护和延续电商村固有的经济体系、生活结构以及风貌的作用。

(3)"创"——形成"实证导控"的模式创新推广。现行的电商村聚落提升中,常简单复制套用立面整治、翻新修建、整体迁并等模式,"治标不治本"现象非常普遍。浙江作为全国

乡村振兴、共同富裕的示范区,且乡村电商发展也始终处于全国领先水平,理应进行实证导控的模式创新,并将其推广形成一定的示范效应,这对于全国的电商村可持续发展更具有切实的指导意义。

1.4　研究对象与相关学科

1.4.1　研究对象

对研究的相关对象进行辨析,包括对研究对象的厘清(电子商务村)、研究内容的明晰(产居共生发展)、研究范围的界定(浙江地区),既是本研究的核心所在,也是继续深化研究的基础保证。

1) 电子商务村

电子商务村(简称"电商村")从萌芽、兴起再到发展,是建立在互联网飞速发展的基础之上,以村民自下而上从事电商产业为主导的乡村发展模式。电商村以地方资源为依托,利用电商平台作为销售平台开展各种形式的销售活动,并以电商项目为核心发展乡村生产生活的新空间[1],其中的电商平台主要包括淘宝、天猫、微商、京东、苏宁、1号店、当当网等交易平台。

本书主要的研究对象为浙江省商务厅评定的"电商专业村",其中乡村名录认定标准与阿里研究院评定的"淘宝村"存在一定的交叉和差异[2](表1.1)。阿里研究院明确了淘宝村的认定标准[3]:① 经营场所:在乡村地区,以行政村为单元;② 销售规模:电子商务年销售额达到1000万元;③ 网商规模:本村活跃网店数量达到100家,或活跃网店数量达到当地家庭户数的10%。

而在《浙江省商务厅关于开展电商专业村认定工作的通知》[4]中指出(表1.1),浙江省"电商专业村"是指年度网商销售额在1000万元以上,开设的网点数量在50个以上(或开设网店户数占行政村总户数10%以上,或乡村电子商务从业人员占行政村常住人口10%以上)的行政村。自2016年起,浙江省商务厅展开了"电商专业村"的评定工作,截至2020年,已有"电商专业村"1970个[5],累计培育电商示范村700个。

鉴于此,本研究所探讨的"电商村"是指以一个行政村为单元,在我国"互联网+"计划和电商作用下,以电商平台为依托,产生大规模网络产业群聚现象的乡村,属于具有中国特色的乡村电商产业和专业村空间相结合的产物(其电商平台并不限于淘宝,还包括微商、京东、苏宁、1号店、当当网等交易平台)。

①　曾亿武,邱东茂,沈逸婷,等. 淘宝村形成过程研究:以东风村和军埔村为例[J]. 经济地理,2015,35(12):90 - 97.

②　周晓穗. 电子商务作用下农村社区的变迁初探[D]. 南京:东南大学,2020:36 - 38.

③　阿里研究院. 2020年中国淘宝村研究报告[R]. 2020.

④　浙江省商务厅. 关于开展电商专业村认定工作的通知[EB/OL]. [2022-04-09]. https://zjjcmspublic. oss-cn-hangzhou-zwynet-d01-a. internet. cloud. zj. gov. cn/jcms_files/jcms1/web2757/site/attach/0/a62336b9724144319063c076f47b8536. pdf.

⑤　智研咨询. 2020年浙江省农村电商行业发展现状、发展问题及发展前景分析[EB/OL]. (2021-10-09)[2022-04-09]. https://www. chyxx. com/industry/202110/978981. html.

表 1.1　淘宝村与电商专业村评定标准比较

评定指标	淘宝村评定标准	电商专业村评定标准
经营场所	行政村	行政村
销售规模	1000 万元/年(农产品交易额翻倍计算)	1000 万元/年
网商规模	100 家(或总户数的 10%)	50 家(或总户数的 10%)
从业人员	—	常住人口的 10%

(表格来源:作者自绘)

2)产居共生及产居共生式发展

"产居共生"是指以特定块域为单元,生产、经营与住居活动的功能布局、社会组织,在空间上相互叠加的人居建构模式,具有显著的混合性、易变性和自组织性特征①。其中提到的产居空间,涵盖了开展各类生产活动的各种空间载体形式,既包含居住空间又包含休闲娱乐空间。与之类似的概念表达有"产居融合""产居一体"等,学界在展开研究时也多是将其作为研究主题来进行分析和讨论的。"产居共生"概念缘起于"产住融合""产居一体"理论②,即在有限的资源条件下,产业与居住功能在空间上呈块状聚集,它既是区域经济、社会、政策共同作用的结果,也是自组织建设的经验价值集成③。相较于"产居融合",乡村"产居共生"并不局限于空间、土地、功能规划,还是一种自上而下的顶层设计,遵循着特定的发展路径,是一种基于规律范式进行的整体性概括和体系性构建,更是实现乡村振兴、推动城乡融合发展的源动力④。

"产居共生式发展"并不是仅以产居绩效最大化作为最终目标,也不是追求两者简单的平衡或被迫的妥协,其更多强调的是产业与人居之间彼此的协同进步和发展,共生和可持续。⑤ 共生不是简单的统一和叠加,共生中既有矛盾,也有互助,既有竞争,也有协同,最终实现产居关系遵循"共生规律"自觉前行。

3)浙江地区电商村

浙江省地处中国东南沿海、长江三角洲南翼,全省陆地面积 10.18 万 km²,是全国面积较小的省份之一。辖 11 个地级市(图 1.4)、37 个市辖区、90 个县级区划、1365 个乡级区划,有村民委员会 20 402 个,乡村常住人口 1755 万⑥,是全国农业现代化进程最快、乡村经济发展最活、乡村环境最美、农民生活最优、城乡融合度最高的省份之一。

①　朱晓青.基于混合增长的"产住共同体"演进、机理与建构研究[D].杭州:浙江大学,2011:27-35.
②　朱晓青.基于混合增长的"产住共同体"演进、机理与建构研究[D].杭州:浙江大学,2011:27-35.
③　邹轶群,王竹,于慧芳,等.乡村"产居一体"的演进机制与空间图谱解析:以浙江碧门村为例[J].地理研究,2022,41(2):325-340.
④　虞佳惠."产村融合"视角下的杭州地区茶园景观改造和利用研究[D].杭州:浙江农林大学,2020:66-68.
⑤　武小龙.城乡"共生式"发展研究[D].杭州:南京农业大学,2015:25-28.
⑥　浙江省农办,浙江省农业农村厅,浙江省发展改革委,浙江省统计局.浙江乡村振兴报告[R].2019.

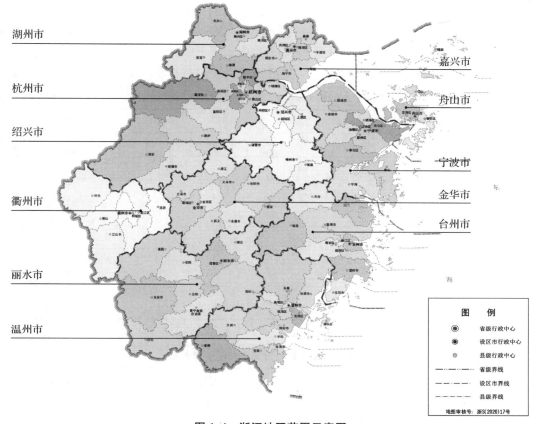

图 1.4　浙江地区范围示意图
(图片来源:基于标准地图改绘)

就自然禀赋条件来讲,浙江省土地资源紧缺,素有"七山一水两分田"之说。在人均资源指数中,浙江省"人多地少"的矛盾显得尤其突出。根据 2020 年第七次全国人口普查统计数据①,浙江省人口密度达到每平方公里 624 人②,比同期全国平均 143 人高出 3 倍多。自古以来,其农业生产便十分发达,再加上后来的手工业和商业的不断兴起,发展到宋代和明清这段时期,当地已然商贾云集、大小名镇林立。自改革开放以后,该地区更是以得天独厚的地理优势和资源优势,发展成为长三角南翼的关键区域。

选取浙江省地区乡村作为主要的研究范围主要包括以下原因:

(1)浙江省作为我国乡村振兴、共同富裕发展等先行示范地区,具有一定的示范引领作用。同时,杭州作为"中国电子商务之都",不仅成为电子商务产业的发展高地,也辐射和带动了浙江地区电子商务与乡村产业的充分耦合,形成乡村振兴、共同富裕新的助力,成为全国的典型模式和标杆式空间载体。

---

①　浙江省山地和丘陵占 74.63%,平坦地占 20.32%,河流和湖泊占 5.05%.

②　国家统计局.中国第七次人口普查公报(第八号)[EB/OL]. (2021-06-28)[2022-04-09]http://www.stats.gov.cn/tjsj/tjgb/rkpcgb/qgrkpcgb/202106/t20210628_1818827.html.

（2）根据《2020 年中国淘宝村研究报告》①中的统计数据,从 2013 年至今,浙江省以淘宝村为典型的电商村发展始终位于全国的领先地位(表 1.2)。其中 2020 年淘宝村数量城市排行榜前 10 中有 6 个浙江省的城市(表 1.3),分别为金华市(365 个)、温州市(329 个)、台州市(295 个)、杭州市(224 个)、宁波市(202 个)、嘉兴市(196 个),具备充足数量的案例样本。

表 1.2　2013—2019 年代表省份与全国淘宝村数量变化

省份	2013	2014	2015	2016	2017	2018	2019
浙江省	6	62	280	506	779	1172	1573
广东省	2	54	157	262	411	614	798
江苏省	3	25	127	201	262	452	615
山东省	4	13	63	108	243	367	450
河北省	2	25	59	91	146	229	359
福建省	2	28	71	107	187	233	318
河南省	—	1	4	13	34	50	75
全国	20	212	779	1311	2118	3202	4310

（表格来源:阿里研究院,2020 年 9 月）

表 1.3　2020 年城市淘宝村数量排行榜

省份	市	淘宝村个数	排名
山东省	菏泽市	396	1
浙江省	金华市	365	2
浙江省	温州市	329	3
浙江省	台州市	295	4
福建省	泉州市	238	5
浙江省	杭州市	224	6
浙江省	宁波市	202	7
浙江省	嘉兴市	196	8
广东省	广州市	192	9
广东省	东莞市	184	10

（表格来源:阿里研究院,2020 年 9 月）

（3）浙江省的整体经济呈现出快速发展的态势,在此带动下乡村经济发展势头强劲。浙江省社科院发布《浙江蓝皮书:2020 年浙江发展报告》的数据显示②(表 1.4),2020 年嘉兴、宁波、舟山、杭州、绍兴、湖州、温州的乡村常住居民人均可支配收入超过全国居民人均可

---

① 阿里研究院.2020 年中国淘宝村研究报告[R].2020.
② 浙江省社科院.浙江蓝皮书:2020 年浙江发展报告[R].杭州:浙江人民出版社,2020.

支配收入水平(32 189 元),总体经济发展状况较好。

（4）在数据获取方面，笔者在博士学习期间跟随导师深耕浙江乡村研究，博士期间参与了 10 余个乡村规划设计，并在数十个乡村做了长期深入的实地调研，与乡政府、部分村民建立了一定的信任，能够获得较为准确、翔实的访谈与数据资料。

表 1.4　2020 年浙江省乡村常住居民及全国居民人均可支配收入

地区	人均可支配收入/元
嘉兴	39 801
宁波	39 132
舟山	39 096
杭州	38 700
绍兴	38 696
湖州	37 244
温州	32 428
全国平均水平	32 189
金华	30 365
衢州	26 290
丽水	23 637

（表格来源：《浙江蓝皮书：2020 年浙江发展报告》）

1.4.2　相关学科

1）乡村地理学

1963 年，法国的乔治(Pierre George)在《乡村地理学概论》中，首先提出了"乡村地理学"(Rural Geography)一词。自此以后，乡村发展所涉及的问题开始进入地理学家的研究视野[①]。进入 70 年代以后，全球性的环境问题日益彰显，许多发达国家纷纷出现逆城市化的发展轨迹，后来居上的发展中国家也开始寻求新的增长极，不断探索乡村经济发展和乡村建设的问题，围绕着乡村经济展开了多个层面的分析和论述[②]。1976 年国际乡村地理委员会成立。作为人文地理学的一个重要分支，乡村地理学在国外得到长足发展，并成为乡村和地理学领域各自的研究重点。

乡村地理学的主要研究对象为乡村，研究重点在于乡村地区中出现的各种人文和地理问题，重在探讨存在于乡村地区中的环境与经济地域系统之间的内在运行机理，试图揭示其内部运行发展规律，并对未来发展进行有效的预测。从国际层面上讲，乡村地理学是人文地理学的一个重要分支。自二战以后世界城市化成为主流发展趋势，围绕着城市展开的研究

① 龙花楼，张杏娜. 新世纪以来乡村地理学国际研究进展及启示[J]. 经济地理，2012，32(8)：1-7.
② 辜娟. 中国乡村优质景观格局营造方法的研究[D]. 武汉：湖北工业大学，2006：33-35.

也日益丰富,将乡村地区作为研究对象展开的研究也日益减少,相关研究先后经历了繁荣、衰退、内省、复兴几个不同的发展阶段①。

具备乡村地理学的学科视角,能够更好地从"人地关系"视角去理解乡村社会经济活动及其地理环境的相互关系,从而研究地理环境对人类活动的影响,以及乡村人类活动对地理环境的反作用。此外,乡村地理学的技术手段与方法可以更好地将定性与定量的研究相互结合,使得研究本身更为准确和严密。其中包括:一是遥感技术的应用,遥感技术在研究乡村地域扩展、土地利用、资源开发、聚落分布、总体规划、地图编制等方面均大有可为;二是计算机技术的广泛应用,如应用地理信息系统进行空间信息存储、空间优化指导等。

2)人居环境科学

我国自古以来便建立起一套传统人居环境科学,用来解释个体生存与居住环境之间关系,涉及的学科众多,有地理学、景观学、建筑学等,是我国古人智慧的集中体现②。这一学科将居住环境作为主要的研究对象,从而来探讨人与环境之间存在的相互影响和相互作用关系,揭示了其内在的运行规律,从而更好地指导人们在确保自身发展的同时,能够与环境和谐共处。

而近代的人居环境科学则起源于20世纪50年代,是在国际上首次提出并逐渐兴起和完善的一门前沿学科,其研究对象涉及乡村、城镇等多种单元,研究的重点是环境与人之间的作用关系,侧重于从整体的层面来看待人类聚居行为,然后从经济、政治、文化以及技术等多个层面和维度展开全面深入和系统的分析③。1954年,希腊学者道萨迪亚斯(Doxiadis)提出"人类聚居学"的概念,人居环境研究的雏形已经形成。他在次年创办了《人类聚居学》,开始系统研究、传播和教授人类聚居学理论。吴良镛院士是中国人居环境科学的奠基人,在面对我国城乡建设中存在的各种复杂的问题时,他在现有的研究基础上,构建了具有中国特色的一套理论体系,还形成了完善的方法论来指导城乡规划和建设实践活动④。在我国,相关学科的演进遵循着如下发展轨迹:1993年首次提出人居环境学,1995年成立了人居环境研究中心,吴良镛为首任主任;1995年,吴良镛起草了《北京宪章》,2001年,吴良镛团队又首次发表了《人居环境科学导论》,形成了一套系统的方法论来深入地分析和研究人居环境问题。

论文研究的对象为乡村产业与人居空间,作为乡村系统中的一个部分,其运行机制、动力系统等都离不开乡村发展的整体背景⑤。本研究立足人居环境学的视角,将乡村聚居作为一个整体,从社会、经济、空间等多个方面,去研究乡村产居形成的空间主体——建筑与场地,周边环境——人文、自然环境,配套设施——保障村民生产、生活等的舒适性,较为全面、系统、综合地加以研究,具有明显的统筹思想。

---

①　杨忍,陈燕纯.中国乡村地理学研究的主要热点演化及展望[J].地理科学进展,2018,37(5):601-616.

②　毛其智.中国人居环境科学的理论与实践[J].国际城市规划,2019,34(4):54-63.

③　徐烁.人居环境学视角下传统村落与民居保护及活化模式研究[D].济南:山东工艺美术学院,2021:28-29.

④　武廷海.吴良镛先生人居环境学术思想[J].城市与区域规划研究,2008,1(2):233-268.

⑤　王鲁辛.传统人居环境学历史发展脉络特征探析[J].攀枝花学院学报,2018,35(1):69-78.

3）生物共生学

生物共生学是多学科相互交叉渗透形成的一门综合学科，不仅广泛涉及整个生命科学的基本概念和基础理论，而且还涉及人类医学领域、医药科技与生产领域、动物医学科技与生产领域、农林牧渔科技与生产领域、食品科学与工程领域、资源与环境科学领域，以及人文与社会科学领域、工业与商业等领域的研究、开发与应用[①]。其研究内容为地球上所有生物物种间构建的共生体系形态结构特征、共生成员的物种多样性与分布特点、生物之间的共生机制、共生体系的生理生态功能、影响共生体系发生发展与功能的生态因子及其调控途径、生物共生学研究方法、生物共生技术的研发和应用等。

以生物共生学的视角去解读电商村的产居要素关系，是一种学科交叉的研究方法，能够更有利于将相对抽象的产居关系转化为具象的共生模式，更便于去理解现象背后的机制、动因与运行特征。

1.5　研究内容与方法

1.5.1　研究内容

本书围绕电商村中"产居共生"的核心目标，尝试解析其"现实逻辑"与"发展方向"。遵循"理论基础→现象释因→认知框架→体系导控→实证研究"的研究理路，回答"是什么""为什么""应是什么"，以及"如何做"[②]的问题。

1）"历时与共时"的解剖，奠定主题研究的"现实基础"

"现实基础"是为了更好地解决前两个问题，清楚地了解电商村产居关系目前的现实样态，以及造成这种既定样态的原因。

第一，"是什么"，剖析电商村产居关系的历时变迁和共时境况，具体来看：① 从共生理论的视角，梳理电商村演变过程中产居关系的变迁历程，总结出电商村产居关系主要的演变形态，归纳特定时期"产居共生"的主导形态；② 对当下产居关系的现实境况进行系统分析，通过不同电商村样本的比对，解析产居共生的"时间—空间—社群"耦合特征，并利用时空图谱分析其分布格局。

第二，"为什么"，诠释电商村"产居共生"在发展过程中存在的"内在机理"。细化电商村"产居共生"的基础支撑、核心动力、要素载体和政策导引，对各个要素对于产居关系的影响做出完整诠释，提供优化路径制定的基础。

2）"核心理论基础"的建构，阐明本主题研究的"理论指向"

"核心理论基础"的建构是为了更好地解答"应是什么"的问题。从历史发展眼光来看，前两个问题是站在现在和过去的角度上来看待问题的发展，而后两个问题则是站在发展的

---

①　刘润进，王琳.生物共生学[M].北京：科学出版社，2018：65－67.
②　武小龙.城乡"共生式"发展研究[D].南京：南京农业大学，2015：44－46.

角度上来看待未来。研究的核心理论建立在"共生理论"基础之上,挖掘产居共生的范式原型,结合"共生体系""空间线索""属性机制"的解读与识别,建构认知框架,厘清产居共生内外部组织之间存在着的不同梯度规律。

3)"实践路径"的分析,形成本主题研究的"最终落点"

"实践路径"侧重于回答"怎么做"。在前面研究所建立的理论架构的基础上,提出相应的应对策略来实现这一目标,侧重于实践探讨,也可以认为,理论构建可理解为务虚,而实践路径则更为务实。具体的实施路径研究主要包括:① 制定产居共生的建设管控与营建愿景,明确营建的原则与思路,形成自上而下的引导方针;② 提出从主体、功能、制度三个层面出发的营建模式;③ 从"模式→环境→界面→单元"的路径,逐步对现有电商村产居关系的问题进行纠偏与营建;④ 通过营建实证,形成产居共生的可操作性规范与适宜性建构路径。

1.5.2　研究方法

1)文献分析法

通过对文献资料有目的、有计划地搜集和梳理,了解国内外关于电商村历时变迁、现状特征及营建策略的研究进展,形成理论研究的基础资料库,作为研究开展的参考与铺垫。尤其涉及电商村产业与人居空间的研究,进行文献的精读与解析,从而较为系统地掌握该领域的研究现状,为研究的开展提供思路借鉴与经验集成。

2)实地调研法

研究范围内的乡村电子商户大部分为自组织个体,均缺乏翔实、准确的官方统计数据,本书所采用的各种数据均来自笔者的实地调研。笔者于 2018 年 1 月至 2021 年 11 月期间,采用问卷调查、半结构式访谈和参与式观察法等方式,分别在杭州临安白牛村、宁波宁海上蒲村、金华义乌青岩刘村及徐村、湖州安吉碧门村等电商村进行数据采集。

通过与本地村民、电商从业者、快递物流、配套服务人员及村委会工作人员的深入接触,开展各种形式的交流和调查活动,深入到乡村举办座谈会,进入到乡村居民家中搜集一手资料。同时,深入到乡村对村民的生活、经济发展、人居环境、乡村建设等多个层面,进行实地考察,了解整体的乡村建设状况。

3)学科交叉法

电商村产居关系的探究本身是一个较为庞杂而又繁复的体系,若仅以单纯的规划、建筑学视角来解读与分析,往往无法了解到其背后真实的动因与机制。研究借鉴了乡村地理学、人居环境科学、生物共生学等相关学科的概念、原理和方法,以多学科的交叉视角,融入多维度的视野与方法,来为研究建构一个更加完备和系统的研究框架。

4)定性与定量分析法

本书采用定性与定量相结合的研究方法,其中,定性为主,定量为辅。既有研究对于电商村"产居共生"的解读仍在起步阶段,研究首要目标是确立认知框架,需要进行要素构成、作用机制、状态特征、演进规律等层面进行定性的学理分析与价值判断。在局部,采用了定量、可视化的时空图谱分析法对典型样本的"产居共生"格局进行分析,以及依据数据指标评估电商村的"产居共生"状态及制定相对应的优化路径。

1.6　研究的创新点

1)研究视角创新

在电商村的产居关系不断面临着冲突、矛盾、制约之时,研究创新性地将"共生理论"引入电商村产居的营建过程中来,将其用来对产居关系的发展历程和演化路径进行解读,凝练出电商村产居共生的各种范式。提出"产居共生"的概念,解析地域性的"产居共生"现象,建构"产居共生"理论体系和评价模型。将电商经济发展背景下的乡村产居空间联系作为研究线索,阐明"产居共生"的空间、功能、结构特征,提供理论研究的视角前瞻。

2)研究方法创新

立足乡村地理学、人居环境科学、生物共生学、建筑学、规划学等学科,借助于先进的研究工具和科学的研究技术,将定量与定性研究方法交叉使用,对所具有的实体与虚体双重内容进行研究。研究创新性地采用"依托寄生→偏惠共生→偏害共生→互惠共生"分析路径,突破传统的演化分析方法;建构体系与机制时,运用"共生单元、共生界面、共生模式、共生环境"的研究体系,摆脱就空间论空间的方法局限;首次建立了电商村"产居共生"的时空图谱,作为传统人居环境科学与规划学的补充,实现研究成果的完整性与启示性。

3)研究实证创新

依据浙江省地区的电商村发展现实背景,通过产业维度的类别分型,选取特征各异、要素多元的电商实证样本进行研究与比对。根据差异化的电商村"产居共生"耦合机制和格局特征,设置出一套兼具动态性和弹性的法则,提供多梯度层级的"产居共生"营建示范,加强对规划、建设采取的科学策略的梳理和经验总结,确立"精明增长"的优化路径,从而推广至全国的电商村"产居共生"营建策略。

1.7　研究框架

1.7.1　研究结构

第1章,绪论。基于研究背景及国内外研究与实践经验的总结,阐述了电商经济导向下的乡村产居关系研究的目的、意义、对象、学科理论、研究方法、框架与技术路线等基础性内容。

第2章,解读"共生理论"并界定产居共生概念。借鉴生物学"共生理论"的原理与研究进路,解析"共生理论"对于乡村产居发展的契合与启示,揭示电商驱动下的乡村"产居共生"发展内涵与研究关键。

第3章,辨析电商驱动下浙江省地区乡村"产居共生"演进动因与格局。以电子商务驱动为内核,梳理浙江省地区乡村产居共生的演进脉络,剖析现象产生背后的动力机制,评价"时间—空间—社群"的维度特征,并解析产居共生时空图谱的演进格局。

第4章,建构电商驱动下乡村"产居共生"体系、空间与机制的认知框架。围绕"单元—界面—模式—环境"四个维度组构"产居共生"体系,进而归纳出产居空间集成的共生线索,以及组合同构的共生机制,从而建立起由现象格局到认知框架的理论建构。

第5章,提出电商驱动下乡村"产居共生"的营建策略与实施路径。根据电商村中产居营建的现实需求,提出"乡建共同体""利益共同体"与"产居共同体"的营建机制,探索产居"单元—界面—模式—环境"共生的营建策略,并从基底、节点、通廊、组团、单元五个方面,探索地域性、可操作的实施路径。

第6章,电商村的"产居共生"空间格局与营建实证。以浙江省丽水市缙云县北山村为实践案例,剖析现状问题,探究其空间演进格局,明确相应的营建策略,以期研究成果为当前电商村的产居空间实践提供一定的方法指引。

第7章,结语。对本书研究成果进行归纳与总结,分析其中的不足之处,思考值得反思与拓展的方面。

1.7.2 技术路线(图1.5)

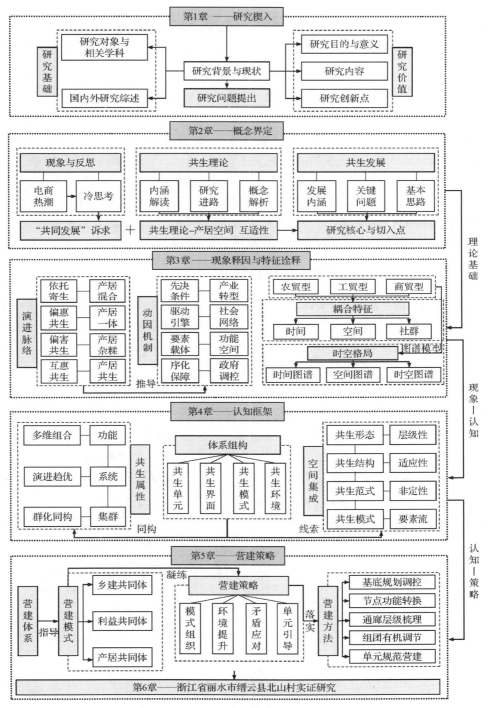

图 1.5 研究技术路线图

(图片来源:作者自绘)

2　相关问题研究的理论基础与概念界定

2.1　电商进村"热潮"中的"冷思考"

近些年,随着国家对于"三农"[①]问题的愈发重视,资源的不断导入,以及"互联网+经济"的迅速发展,"电商进村"现象如同火炉上炖着的一壶水[②],水温越来越高,也相应地带来了"研究热""现象热""经济热"。与之相对应的,是在电商驱动下产业结构改变的同时,人居品质却没有得到相应的提升,甚至出现了一定程度上的退步。乡村振兴中的五大目标[③],大部分电商村目前仍只停留在"产业兴旺"上,以 GDP 为导向的简单的乡村发展模式,势必会出现越来越多的"乡村病",需要对这种"热潮"提出"冷思考"。

2.1.1　热潮:乡村增长——工业化与电商进村

工业化导向下的乡村建设,是以土地为核心的、不可持续的增长。值得人们警醒的是,电商驱动下的乡村发展,虽然表象上不如乡村工业化那般对土地、环境、生态破坏严重,但却对乡村内在的空间结构、社会网络、生活方式、风貌习俗等有巨大的冲击,不加以制衡的电商进村与乡村工业化,在一定程度上可以说是"异质同构"。

1) 第一波的乡村增长:20 世纪 80 年代以来的乡村工业化

新中国成立以后,一直把经济建设的重心放在发展重工业上,在一定程度上造成了农业严重落后于工业,轻工业严重落后于重工业的局面,也形成了城乡二元分割式的社会结构,使得乡村经济发展活力无法得到进一步释放。为应对该问题,国家也针对乡村经济体制改革,推出了多项措施和扶持政策[④](表 2.1),为乡村的工业化发展和转型提供了坚实的基础。

表 2.1　国家在乡村工业化时期对于乡镇企业的鼓励政策

时间	会议或文件	主要内容
1978 年	十一届三中全会	推行乡村经济社会的家庭联产承包责任制
1982 年	《全国农村工作会议纪要》	乡村实行各种责任制,包括小段包工定额计酬,专业承包联产计酬,联产到劳,包产到户、到组,包干到户、到组

①　三农特指农业、农民、农村。
②　宋朝,李林山. 农村电商热背后的冷思考[J]. 种子科技,2015,33(12):20.
③　乡村振兴中的五大目标:产业兴旺、生态宜居、乡风文明、治理有效、生活富裕。
④　张天泽,张京祥. 乡村增长主义:基于"乡村工业化"与"淘宝村"的比较与反思[J]. 城市发展研究,2018,25(6):112－119.

时间	会议或文件	主要内容
1983 年	《关于当前农村经济政策的若干问题》	逐步实现农业的经济结构改革、体制改革和技术改革
1985 年	《关于进一步活跃农村经济的十项政策》	搞活农村金融政策,提高资金的融通效益

(表格来源:根据文献整理①)

在内部消费需求增加、外部资本注入意愿增强的双重影响下,乡村工业化进入迅速发展阶段。村集体组织通过引入工业化资本来带动经济发展,与此同时,农民也可以从土地中抽离出来,"离土不离乡、就地进工厂",选择从事附加值更高的工业生产劳动。于是以"温州模式""苏南模式""珠三角模式"为代表的、地方特色鲜明的乡镇企业发展模式开始涌现。据统计,乡镇工业生产总值从 20 世纪 80 年代到 90 年代增长了 10 余倍②,它在全国的工业生产总值所占比重由不到 10% 迅速上升到接近 39%③。到 1992 年,乡镇企业吸纳的就业人员超过 1 亿人。而这一阶段,城市市场经济尚处于酝酿阶段,乡村工业化处于发展与转型的风口之上。

然而,乡村工业化快速发展的同时,乡村的人居环境也出现了显著衰退,乡土风貌异化,厂村建设混杂,村落结构发生变化④。在乡村,每年出现的农业污染事故高达万起⑤。原先生活恬静的乡村人居环境,反而要承受远超出城市的压力。农业、农村和农民遭受了乡村工业化增长下的负反馈作用。

20 世纪 90 年代末,社会主义市场经济发展迅速,东部沿海地区及大中城市对乡村劳动力的需求趋于旺盛。乡村在与城市争夺资源的过程中逐渐处于下风。以乡镇企业为主体的"块状经济"开始降速发展,"温州模式""苏南模式"等都出现增速放缓甚至下降的趋势。到了 1997 年苏南的乡镇企业已然开始呈现负增长现象⑥。"离土又离乡,进城进工厂"的乡村劳动力进城务工,标志着第一波乡村增长宣告终结。

2）第二波的乡村增长:21 世纪以来的电商进村

21 世纪以来,"互联网＋"飞速发展,电商产业深入乡村,使得乡村信息获取成本大幅削减。在电商平台的媒介作用下,乡村产品可以更为直接地向城市流通。低成本、高回报的乡村电商涌现特征,一如 20 世纪 80 年代兴起的乡村工业化增长模式。这一轮新的乡村增长虽然同为村民群体自发推动,但"一台电脑、一根网线"让乡村家家户户触网创业,与先前"村

　① 张天泽,张京祥. 乡村增长主义:基于"乡村工业化"与"淘宝村"的比较与反思[J]. 城市发展研究,2018,25(6):112-119.
　② 中华人民共和国国家统计局. 中国统计年鉴 1999[M]. 北京:中国统计出版社,1999.
　③ 同春芬,杨煜璇. 中国农村工业化及其环境污染的原因初探[J]. 江南大学学报(人文社会科学版),2009,8(3):37-41.
　④ 雷诚,葛思蒙,范凌云. 苏南"工业村"乡村振兴路径研究[J]. 现代城市研究,2019(7):16-25.
　⑤ 宋树伟,江军,许玉贵. 环境污染对"三农"问题的影响[J]. 经济论坛,2006(6):122,130.
　⑥ 江苏省地方志编纂委员会. 江苏省志:乡镇工业志[M]. 北京:方志出版社,2000:38.

村点火,户户冒烟"式的乡村工业化相比,具有不同的时代特点,具体表现在生产跃迁式转型和生活系统性提升两个方面①。人们可以敏锐地感觉到,新一轮的增长之风重新在乡村中刮起并不断蔓延开来。

(1)生产跃迁式转型:在上一轮乡村工业化的过程中,遵循的是由第二产业引领,让村民通过"工农兼业"的方式来实现非农化的产业转型,并在此过程中带动相关运输业、商业、金融业等第三产业发展,本质上是"一产—二产—三产"的渐进发展模式②。而在电商进村的驱动下,乡村产业发展不再局限于固有的产业转型规律,转而是依托电商产业链将开端的产品与终端的客户直接链接,形成"农业生产+网络商铺"或"工业加工+网络商铺"的新型兼业模式,并由此衍生出电商相关的包装、物流、销售、客服等服务性第三产业。产业跃迁式转型既可以充分保留乡村传统的生产资源禀赋,又可以结合现代的电商技术增加村民与村集体的经济收益。

(2)生活系统性提升:工业化发展虽然促使了乡村初始资本的积累,但在整个过程中其扮演更多是一个单纯生产场所的角色,村民的生活水平并没有随之提升。而电商进村除了为村民带去了较高的经济收益外,对于推动村民生活的系统性提升也具有重要意义③。首先,电商产业的发展带动了乡村基础设施的建设,极大地提升了乡村的商品流通效率,使乡村能够享受到与城市相近甚至相同的物质服务;其次,电商产业在潜移默化中也影响了村民的消费观、价值观,村民的生活习惯发生改变,网购成为越来越多的村民首要选择;最后,互联网等信息技术的普及,更是促使乡村现代化程度提高,为村民提供更为广阔的渠道去了解外界的文化、思想。

2.1.2　冷思考:乡村振兴背景下产居"共同发展"的思辨

学界普遍认为,乡村电商自上而下的发展模式与乡村振兴战略在主体性上完美契合,能够在一定程度上代表乡村振兴的未来发展趋势,并也确实带动了乡村经济,促进了乡村人口、资源等要素的回流,因此对于电商村的评价通常是偏向于积极肯定的。诚然如此,但不可忽视的是,政策缺失、景观异化、社群混杂、品质低下的问题在电商村中一直存在,在其增长的"热潮"背后隐藏着众多隐患和风险④。在这样的发展趋势之下,乡村有可能异化为一种单纯的产业功能地域,而非宜业、宜居的乐土,显然与乡村振兴内涵相背离⑤。因此,未来电商村的发展过程中,除了要解决乡村经济增长的问题外还要解决人居环境提升的问题,建设产业与人居共同发展的新乡村,两者相互兼顾、统筹协调,才能真正实现乡村振兴⑥。

事实上,"产业"与"人居"一直以来是乡村稳定发展、全面振兴的两个重要基点,但是电

①　罗震东,何鹤鸣.新自下而上进程:电子商务作用下的乡村城镇化[J].城市规划,2017,41(3):31-40.
②　罗震东,何鹤鸣.新自下而上进程:电子商务作用下的乡村城镇化[J].城市规划,2017,41(3):31-40.
③　罗震东.新自下而上城镇化:中国淘宝村的发展与治理[M].南京:东南大学出版社,2020:75-77.
④　张天泽,张京祥.乡村增长主义:基于"乡村工业化"与"淘宝村"的比较与反思[J].城市发展研究,2018,25(6):112-119.
⑤　陈宏伟,张京祥.解读淘宝村:流空间驱动下的乡村发展转型[J].城市规划,2018,42(9):97-105.
⑥　张天泽,张京祥.乡村增长主义:基于"乡村工业化"与"淘宝村"的比较与反思[J].城市发展研究,2018,25(6):112-119.

商进村会使得两者之间原本相对简单确定的关系变得复杂与未知。从积极层面来分析,电商村中植入了产业功能可以带来发展路径上的多样性和丰富性,产居共同绩效在有序的组织模式下可以为电商村持续增长提供更多的动力支持。但从消极层面来看,若缺乏有效组织,产居之间可能会表现出"混沌"或"混乱"的特点①。前者源于认知不足、对复杂情况的无可奈何,以及在乡村人居向电商需求倾斜后管控机制的薄弱;后者反映了产居无序增长及不稳定性:土地资源利用效率低、现代生产与乡土风貌结合弱、空间良性转化能力差等。

因此,对产居"共同发展"是推动还是禁止,产生了矛盾及博弈。其实早在费孝通先生的《乡土中国》②一书中,就有描述传统中国乡村的期望愿景。他以"江村经济"为代表,提出现代化产业应与乡村传统肌理相融合,从而推进传统乡村可持续发展进程。由此来看,产居共生、共荣既是乡村多种活动集成的必然结果,也是聚居共同增长的必要途径。对于电商村产居共同发展需加以正确引导、有效应对,避免再次重现当年乡村工业化"热潮"中的"泡沫"增长。

2.2　共生理论:"共同发展"诉求与营建的理论支撑

2.2.1　传统共生理论的内涵溯源

共生理论建立在"共生"(Symbiosis)一词的基础之上,而这一词最早来源于生物学,是生物学上的专有名词③。共生概念是由德国的德贝里(Anton Debary)④在 1879 年率先提出,他在专著中将共生的本质界定为"不同的生物有条不紊地生活在一起的形式",而其中,较大成员被其称作"宿主",而较小的成员称为"共生体"⑤。除此之外,他还就共生关系中的各种生物关系进行了界定和详细说明。

自此以后,越来越多的生物学家开始观察到共生现象,对共生概念的认知水平也在不断提升,其中的代表人物有柯勒瑞(Caullery)和刘威斯(Leweils),前者在 1952 年提出的"互惠共生(Mutualism)"(双方受益)这一概念,而后者于 1973 年提出了"偏惠共生(Commensalism)"(一方受益)、"寄生(Parasitism)"(一方受益,另一方受害)概念,对不同生物群体彼此之间的关系进行了清晰的划分和明确的界定,将共生研究推向了更深层次⑥。其中,生物学家斯科特(Scott)⑦的研究更为深入,他一生都在试图寻找到建立共生关系的双方之间所存在的物质联系,并对共生关系的本质特征进行了全新解析。同时,他也重新修正了"共生"的定义,即两种及以上的生物在生理上存在着相互依存且彼此之间能够达到有效的平衡状态。

基于上述研究,玛格丽斯(Margulis)⑧又于 1970 年提出了"细胞共生学说",从生物进化

---

① 朱晓青. 基于混合增长的"产住共同体"演进、机理与建构研究[D]. 杭州:浙江大学,2011:122 - 124.

② 费孝通. 乡土中国[M]. 北京:三联书店,1985:35 - 38.

③ 武小龙. 共生理论的内涵意蕴及其在城乡关系中的应用[J]. 领导科学,2015(29):7 - 10.

④ QUISPEL A. Some theoretical aspects of symbiosis [J]. Antonie Van Leeuwenhoek, 1951, 17(1): 69 - 80.

⑤ 习婷婷. 风景旅游村的共生模式研究[D]. 重庆:重庆大学,2011:45 - 49.

⑥ 张倩. 银行业的和谐共生—合作竞争[D]. 南京:南京理工大学,2006:88 - 91.

⑦ SCOTT G D. Plant symbiosis[M]. London:Edward Amold,1969:57 - 58.

⑧ MARGULIS L. Origin of Eukaryotic cell[M]. New Haven:Yale University Press,1970:30 - 31.

的角度探讨了共生的重要意义。随后,道格拉斯(Douglas)试图从本质上来解释共生现象,将共生定义为生物体通过共生关系从其伙伴处获得一种新的代谢能力,在此关系下生物彼此联合、共同应对周边复杂环境,双方在此过程中均获得一定的利益,并且他认为共生关系广泛地存在于生物之间。其他学者也认为"达尔文关于物种进化是由竞争驱动的学说是不完善的,在他的观点中看到的更多是对抗和优胜劣汰,并没有看到生物之间共生互助的协同进化"。总而言之,共生理论的逐渐深入为了解生物间的联系提供了全新思路与视角,其重要性、多样性普遍性也日益凸显。

2.2.2　共生理论思维演化的研究视域

20世纪50年代之后,源自生物研究界的共生定义逐渐应用于生态学、经济学、社会学等多个领域内,逐步成为某些领域问题研究的重要理论与方法,并产生了创造性的研究成就。研究尝试性把不同学科的共生思想进行细致的归纳研究①(表2.2),力图寻找出对于电商村的产居共生关系研究的启示。

表2.2　相关领域"共生"理论的核心观点与启示

相关领域	"共生"理论的核心观点	启示
生物学	Anton De Bary:不同的生物有条不紊地生活在一起的形式。 Caullery、Leweils:互惠共生、偏惠共生、寄生等。 Scott:生物在生理上存在着相互依存且彼此之间能够达到有效的平衡。 Margulis:细胞共生学说。 Douglas:生物彼此联合、共同应对周边复杂环境,双方在此过程中均获得一定的利益	相互依赖 互相作用
生态学	陈锦赐:人与人、人和自然生态彼此间的和谐共生和互利互惠,强调对自然资源的高效获取以及对环境的最小破坏	相互支撑 可持续发展启示
社会学	Robert Ezra Park:人类在社会中存在竞争、冲突、适应与同化等特征。 胡守钧:社会共生是围绕着资源竞争所形成的一种关系。 费孝通:中国乡土社会的基层结构是一个个私人联系所构成的共生关系网络	公平相处 和而不同
经济学	徐杰:"共生""共享""共赢"是经济发展的三个要素。 袁纯清:经济发展需要调和多方面与要素的共生关系	共生度
规划建筑学	黑川纪章:城市如同生命一样,各个功能要素需要有序共生。 张旭:城市共生包含共生单元、模式、环境三个要素	生命本质 多元并存

(表格来源:根据文献整理②)

1)共生理论在生态学中的应用

随着共生理论的不断发展,开始有学者围绕着这一理论构建出生态学的应用体系。以陈锦赐③为代表,在共生理念的影响下,他形成了一套完善的生态共生理论体系,其主要理

---

① 　武小龙. 共生理论的内涵意蕴及其在城乡关系中的应用[J]. 领导科学,2015(29):7-10.
② 　武小龙. 共生理论的内涵意蕴及其在城乡关系中的应用[J]. 领导科学,2015(29):7-10.
③ 　陈锦赐. 以环境共生观营造共生城乡景观环境[J]. 城市发展研究,2004,4(6):1-10.

念在于对自然资源的高效获取以及对环境的最小破坏,旨在实现人与人、自然和生态彼此间的和谐共生和互利互惠,实现健康、永续的发展目标,进而达成人和自然生态的互利共生发展。此外,他还从生态、生活、生产、生存4个维度来论述城市与社会环境的永续发展①,并认为生态环境为万物赖以寄存维生的空间环境,它扮演调节生态系的功能,为万物共生的环境基础要素。

　　2)共生理论在社会学中的应用

　　当共生理论进入社会学领域以后得到进一步的深化和引申。美国社会学家罗伯特(Robert Ezra Park)②认为人类在社会中是一个完整的共生系统,存在竞争、冲突、适应与同化等特征。胡守钧③详细地阐述了社会共生论,明确了共生是一种存在于人与人、人与自然之间的,围绕着资源竞争所形成的一种关系,而社会共生则是人类存在的基本方式。通过将生物共生论中的相关概念引入到社会学领域,揭示出社会关系中各种现象的内在本质。此外,他又对和谐共生进行了详细阐释,并认为社会共生关系很大程度取决于对贫富、城乡差距的控制上,实现合理的资源共享才能形成互惠互利的共生模式④。费孝通⑤也在《乡土中国》中阐述了中国乡土社会的基层结构是一种所谓的"差序格局",是一个私人关系所构成的共生关系网络。

　　3)共生理论在经济学中的应用

　　通过共生理论来阐述经济现象的应用更为广泛。徐杰⑥阐明了"共生"是经济发展的基础,"共享"是经济发展的过程和手段,而"共赢"是经济发展的方向和结果。袁纯清⑦分别就共生单元、共生模式和共生环境三个要素进行了经济方面的诠释,同时还提出了同质度、共生度、关联度和亲密度等衡量指标,来对共生特征进行评价。同时,他认为共生体系涵盖了以下几个本质特点:首先,共生体系中各个元素间互助依赖、吸引和合作,共生的本质表现在共同进化发展和对环境的适应。其次,共生的结果往往会产生新的形态,出现新的结构,建立起相互依存的关系,进而推动组织沿着更具生命力的方向发展和进化。最后,共生体系中包括了互惠共生、偏害共生、依托寄生和偏惠共生等四种类型⑧。

　　4)共生理论在规划建筑学中的应用

　　20世纪60年代,规划建筑学呈现出多元发展趋势。在时代孕育下,黑川纪章将佛教中的"共存"概念融入对城市的理解和设计中来,并结合日本本土文化,提出了"共生城市"⑨的概念,他认为城市如同生物一样具有生命,只有实现整体与部分的共生、历史与文化的共生、

　　① 陈锦赐.论"四生环境"共生城市之社会永续发展观[J].开放导报,2000,4(10):15-17.
　　② 罗伯特·E.帕克.社会学导论[M].北京:北京广播学院出版社,2016:12.
　　③ 胡守钧.社会共生论[M].2版.上海:复旦大学出版社,2012:3-10.
　　④ 胡守钧.社会共生论[J].湖北社会科学,2000(3):11-12.
　　⑤ 费孝通.乡土中国[M].上海:上海人民出版社,2006:30-32.
　　⑥ 徐杰.共生经济学[M].北京:中共中央党校出版社,2004:17-18.
　　⑦ 袁纯清.金融共生理论与城市商业银行改革[M].北京:商务印书馆,2002:22-24.
　　⑧ 袁纯清.共生理论及其对小型经济的应用研究[J].改革,1998(2):100-104.
　　⑨ 黑川纪章.新共生思想[M].覃力,杨熹微,慕春暖,等译.北京:中国建筑工业出版社,2009:序言.

建筑与自然的共生,才能促进城市趋于完善和富有活力①。国内学者张旭②也在研究中提出了"城市共生论",他认为共生规律适用于城市的发展过程,并阐述了具体包含的共生单元、模式、环境三个要素,城市的所有共生关系都是在这三个要素的相互组合和作用下产生的结果。

5)共生理论的核心价值:由"偏态"向"稳态"的演变

经过前文对共生理论的内涵溯源,以及对不同视域下共生理论的应用与演化的分析,可以发现无论是在生物学、生态学、社会学、经济学或是规划建筑学中,共生理论及其核心含义都具有明确的目标价值——"协同发展、共同增长"③。虽然运用到具体的学科中,共生理论具有不同的应用场景,然而其体现出来的指导思想都是相近或相似的,即引导对象从寄生、偏惠共生、偏害共生等的"偏态"转向互惠共生的"稳态"④。"偏态"的共生关系是一种不可持续的状态,容易造成各类问题出现和矛盾的产生,而"稳态"则是一种相对完善和谐的共生关系形态,这与各领域中"协同发展"以及"共同增长"的共生理论价值相互契合。

综合来看,共生理论强调的"协同发展、共同增长"核心价值以及引导"偏态"向"稳态"的演进过程,对于用来解读、诠释和分析电商村产居二元发展过程中存在的各种问题具有重要意义。尤其是在电商村发展迅猛的态势下,其产居要素之间存在的矛盾博弈和对立摩擦愈发明显,而这些都可以归为"偏态"的共生形态,采取措施寻求转型就是为了实现互惠共生的"稳态"。此外,研究视角也将由针对传统产居二元的"机械共存",即就空间论空间的现象分析,演化到"有机共生",即对机制内涵进行深入分析和思考。

2.2.3 共生系统要素的特征解析

1)共生系统的要素构成

共生系统(图 2.1)是所用共生要素的相互整合关系,是共生单元(Unit)、共生模式(Model)、共生环境(Environment)要素协同作用的结果⑤,其协同作用的载体又叫作共生界面(Interface)。

在共生系统中所包含的四个要素中:共生单元是整个系统构建的基本单位,也是共生关系形成的基本单元;共生界面是共生单元之间的接触方式,即传导物质和能量的媒介或通道;共生模式是指共生单元采取何种方式进行结合或者发生作用;共生环境是共生单元存在和发生关系的外部条件基础。这四个要素综合构成了完整的共生系统,并随着外部环境的变化而不断变化,最终形成相对稳定、互惠、可持续的共生形态。

---

① 曹云.共生思想及其在区域空间演化的应用:兼论开发区与城市空间的共生演化[J].人文杂志,2013(3):40 - 45.
② 张旭.基于共生理论的城市可持续发展研究[D].哈尔滨:东北农业大学,2004:45 - 46.
③ 武小龙.城乡"共生式"发展研究[D].南京:南京农业大学,2015:36 - 38.
④ 袁纯清.共生理论及其对小型经济的应用研究[J].改革,1998(2):100 - 104.
⑤ 唐瑭."共生"视角下乡村聚落空间更新策略研究[D].成都:四川美术学院,2020:55 - 58.

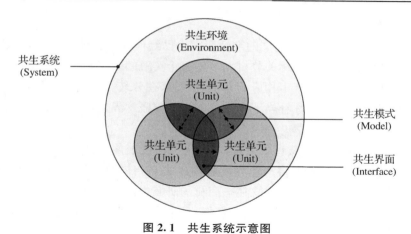

图 2.1　共生系统示意图

（图片来源：作者改绘①）

2）共生系统的基本特征

（1）整体性特征。共生系统的四个要素不能单独存在，共生单元、共生界面、共生模式、环境，是一个环环相扣、相互嵌套的整体。共生界面使得共生单元能够相互传递物质，进而形成了多样化的共生模式，而共生环境则为共生模式的变化提供外部影响条件。

（2）多重性特征。共生系统内存在着共生单元相互作用的多重关系，包括寄生、偏惠共生、偏害共生、互惠共生等。共生关系会随着外部环境的转变而适应性转变，也会在自身内部的发展中产生不确定性的变化。

（3）协同性特征。共生系统中的共生单元与单元间、单元与环境间，通过物质的交换与流动，存在一种相互作用、激励的机制②，并最终趋向于一个稳定的、共进的共生系统。协同发展是共生系统的核心特征，也是使其整体能够维持增长的重要特性。

（4）不可逆特征。共生系统的发展是一个非定向、阶段性明显的过程，任何一种状态都会随着环境的变化不断更迭和进化。这种状态的改变，势必会导致原来的状态不能再被重现，具有明显的不可逆特征。

2.2.4　共生理论对乡村产居发展的契合与启示

1）共生理论与乡村产居关系的契合性

经过对共生理论的分析归纳后，发现其已在多个学科领域内形成较为完善的体系，而且产生了一定的指导价值与意义。目前，将该理论运用到乡村产业与人居关系的研究仅占少数③，且多用于简单的核心思想指导，尚未建构出较为完善的理论架构。笔者通过研究发现，共生理论对于乡村产居二元的关系解读与分析，具有高度的契合性和关键意义，具体体

①　唐瑭."共生"视角下乡村聚落空间更新策略研究［D］.成都：四川美术学院，2020：85－89.

②　张旭.基于共生理论的城市可持续发展研究［D］.哈尔滨：东北农业大学，2004：38－42.

③　徐无瑕.基于"产住共生"的文化创意聚落混合功能空间研究［D］.杭州：浙江工业大学，2015：24－29.

现在以下三个方面①：

（1）与研究内容相契合。在前文的文献研究中已经确切性指明，现有文献关于"产居一体""产居融合""产居共同体"的相关分析大多是关于实践的研究，尚未建立起完备的理论体系，而且对于概念的解读尚未产生相应的共识，依旧存在分歧。运用共生理论构建电商村产居发展的研究框架，不但能够弥补当下理论基础不足与概念界定不清的缺陷，更是对产居共生研究体系建立的一个新尝试和突破。

（2）与研究目的相契合。从现状来看，电商村产居发展属于演变样态，其最终目标是达到产居和谐共生的发展格局，即将产业和人居构建成互相依存、互相协作的融合体。"产居一体""产居融合""产居共同体"等概念在电商村的研究中，虽然在运用与理论指向上存在差异，但可以明确的是，这几个概念之间关系密切，且主体目标相同，即与共生理论中所提到的"互惠共生"目标相契合。

（3）与研究过程相契合。从发展过程来看，电商村的产居关系演变与"偏态－稳态"的过程相契合。如上述所言，共生理论的核心价值是对象从"偏态"朝着"稳态"的方向逐渐发展，即逐步从"依托寄生、偏惠共生、偏害共生"进化为"互惠共生"。这种对发展过程中"偏态"的现状分析和对"稳态"的策略引导，与电商村产居发展从"偏态"朝着"稳态"的共生诉求非常契合。

2）共生理论与乡村产居关系的启示

无论是在生态学、社会学中，还是在经济学、规划建筑学中，共生理论都具有较强的应用价值与相对统一的核心内涵。在电商村产居关系的研究过程中，共生理论提供了整体统筹的视野、协同发展的理念和兼容并蓄的方式，为建立合作与稳定的产居共生系统，实现电商村的可持续发展提供重要启示②（图2.2）。

（1）整体统筹的视野：生物学中的共生现象是一种自发产生的现象，相互扶持与合作是共生的基本特征。简单来说，所有对立都存在一定限度，而相互吸引、合作、补充与促进，才是生物生长、繁殖、共生的永恒规律。共生理论由此为看待对立问题提供了一个整体统筹的视野，对立的双方并不是非此即彼，简单的替代关系，不应是相互对抗与冲突，而应是共同激活、共同适应、共同发展的共同进化过程③，持续进行完善、发展、提升，最后实现整体统筹发展的目标，完成协同发展、互利共生。

在电商村不断发展的过程中，会不断演化出产居二元的矛盾与摩擦，但并不应该将其理解为难以调节的对立面，而应将其看作尚未形成稳定共生关系的两个要素。从整体统筹的视野来分析，电商村的良性可持续发展需要产业、人居、社会、经济等子系统相互协调统筹，探寻矛盾的均衡处理，找到要素间的平衡点，才能够创造出协同前进的发展动力，实现互惠共生的目标。

①　武小龙. 城乡"共生式"发展研究[D]. 南京：南京农业大学，2015：55 - 68.
②　唐瑭. "共生"视角下乡村聚落空间更新策略研究[D]. 成都：四川美术学院，2020：45 - 48.
③　张旭. 基于共生理论的城市可持续发展研究[D]. 哈尔滨：东北农业大学，2004：37 - 41.

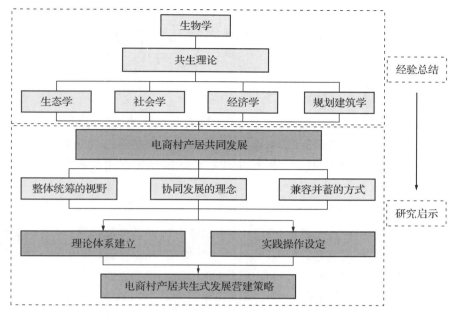

图 2.2　共生理论对电商村产居发展的启示
（图片来源：作者自绘）

（2）协同发展的理念：传统的发展模式更加侧重于单维度的经济价值，并将其作为评判发展水平的"金标准"。共生理论却否定了这种单一的评判标准，而认为多维度的协同作用和创新活力是共生系统趋于稳定、健康发展的源动力。共生理论并非是对经济价值的作用进行否认，而是在实现经济增长的基础标准上，探寻更高水平、更多元化发展的可能。共生理论强调包容、协同和并进，为解决复杂问题和对立矛盾提供思路。

电商村的发展固然离不开对于产业绩效的考量，也理应将其作为重要的衡量指标之一，但是倘若单纯地以产业绩效指标来指导乡村建设与空间规划，势必会造成土地结构、人居环境、自然生态的破坏。在实际操作中，需要将电商村中的产居复合价值当作具体目标，既发展产业，又提升人居，构建一套相互作用的系统，实现双重效益的协同发展。

（3）兼容并蓄的方式：从理论概念转化到实践运用需要借助确切的操作方式。共生理论强调积极地去应对、处理和削避矛盾，通过兼容并蓄的方式来使共生系统形成相互适应、相互协调的共生关系。应用在电商村的产居问题处理中，即鼓励主动吸纳新社群、结合新功能、融合新体系，提升乡村的整体兼容性，为在电商村产居营建中探索人、建筑、环境、经济间的内在均衡提供具体指引。

综上，共生理论的运用并不是单纯地停留于抽象的思维概念，而是经过对共生理论的内涵提炼与模式总结①，进而推导出共生理论基础与共生概念运用（第 2 章），共生演进动因与格局（第 3 章），共生体系建构与组织机制（第 4 章），以及具体的共生营建策略与实施路径（第 5 章），并运用于实证研究（第 6 章），构建概念—现象—理论—策略—应用这种层层递进的研究路径。

---

① 　唐瑭."共生"视角下乡村聚落空间更新策略研究[D].成都：四川美术学院，2020：36－38.

2.3 共生发展:电商村产居发展内涵与研究关键

2.3.1 思路、路径与格局

"产居共生"具体指产居互惠共生发展,是产居关系发展的终极目标。按照共生理论的基本内涵,互惠共生是一种能够实现"双赢"的组织模式。它具体包含以下三点:均衡性发展思路、互助性发展路径、共赢性发展格局①,即经过产居间互相沟通及协作补益的发展模式,完成协同发展、协同前进。

1)产居均衡性发展思路

电商进入乡村以来,产居关系呈现出非均衡和非对称性的发展趋势,具有明显的产业偏向特征,所构建的发展格局也具有"产业核心—人居边缘"的特征,这种产居关系是一种典型的偏态共生,具有明显的不平衡发展特征。此类非均衡的发展思路导致对电商产业"趋之若鹜",而忽视了人居空间的协同提升,引发了产居之间的差距和矛盾的扩大。

为了化解电商村的产居矛盾,应当在产居的发展思路中强调均衡性,从理论源头出发来改变和推动实践应用。整体而言,均衡性发展思路具体包含以下三点:① 主体的均衡性,即电商从业者与乡村居民享有相同的地位和权益,为电商从业者提供良好的从业环境的同时,注重原住村民的生活品质需求;② 发展的均衡性,注重乡村的整体性发展,绝不以牺牲人居的发展来推动电商产业发展,而是将产业、人居当作一个整体来进行发展;③ 规则的均衡性,这属于产居对称性发展思路的本质,需要建立"产"与"居"双重维度的政策规则和导控体系,逐渐去除以产业偏向为核心的政策导向,进而实现共生式的发展目标。

2)产居互助性发展路径

在具体的实践过程中,需遵循着"互助性"这一科学的发展路径,为产居共生提供正确的方向指引,以实现人居与产业的共赢。一是,互助性展现为人居对产业发展的支撑,以及产业对人居提升的正反馈。从主体层面来看,它包含了原住村民、电商从业人员、政府机构,以及非政府组织等多个主体,需要他们在产居共生的发展过程中,相互协力合作、相互支撑。二是,互助性是对产居弱势方的关注和助力。这需要着眼于"乡村本位"②的价值进行分析,以乡村振兴为原则和目标,构建出适应于当下背景的电商村发展标准,平衡和弥补产居各自发展的缺陷与问题。三是,互助性强调产居的共同发展、协同前进,两者属于单独的个体,缺一不可,而非单纯遏制产业来促进人居提升。

3)产居共赢性发展格局

在"均衡性"的发展思路指导下,沿着"互助性"的发展路径,力求实现产居发展的"共赢性"格局:一方面,乡村整体人居环境品质提升,以及生活功能配套完善,带动电商人才的回

---

① 武小龙.城乡"共生式"发展研究[D].南京:南京农业大学,2015:44-48.

② 武小龙.城乡"共生式"发展研究[D].南京:南京农业大学,2015:65-66.

流、电商资源的倾斜,加速乡村电商的发展进程;另一方面,电商产业的发展使乡村土地价值和租金收入增加,村民更有能力也更有意愿去建设与维护乡村品质。由此,"产"与"居"可以形成一种相互协同、互促互利、共同增长的共赢状态。

2.3.2 内核、外延与目标

基于共生理论的电商村产居营建的关键问题,主要包含以下三个方面[①]:

(1) 以"产居共生"为内核,借助电商村发展过程中产居关系演变的脉络梳理,实现产居混、变、聚、散的轨迹解读。通过共生体系下产居因子建构,分析产居共生的发展特性,明确共生的影响因素与发展动力。

(2) 以"混合增长"为外延,采用"由小及大"的研究层次,根据不同产业的电商村类型比较,解析建筑单体、组团空间、聚落形态的产居共生格局。在研究拓展上,基于空间技术的分析运用,建立可视的信息图谱。

(3) 以"共生共荣"为目标,形成"以点带面"的地区示范,总结传统电商村的现状问题和现成经验,完善电商村产居共生发展以及管控的绩效标准,在现实运用过程中,制定产居共生营建策略,落实具体而微的方针。

其中空间原型作为研究的重点线索,根据由点到面、由内而外的演进规律,可以划分为建筑单体、组团空间、聚落形态三个层次[②]:① 产居共生单体,即在微观尺度,立足以家庭为单位的共生单元,分析单元的功能组织形式,构建基础数据库用于比对分析;② 产居共生组团,即在中观尺度,针对产居共生的电商村样本比较,以代表性的"农贸类""工贸类""商贸类"电商村产居特点,分析产居共生的时空格局特征;③ 产居共生聚落,即在宏观尺度,通过复杂适应系统的探索,寻求切实的实证手段,在产业和人居共生的发展过程中,明确确切的空间需求,以确定空间共生的序化路径。

2.3.3 历时、共时与格局

电商村"产居共生"属于以空间为主要对象的系统性分析范畴,具有"历时"与"共时"的双重属性。本书选取定性和定量的结合方法,建立产居共生发展探究的基本思路:

(1) 纵向"历时轴"上的产居共生演进与动因解析。聚焦不同的发展时期,电商村产居功能都会随着一时一地的生计方式变更,而产生相对应的空间组织适应性表达方式,进而逐步形成多元化的演进模式和轨迹。在电商驱动的背景下,梳理浙江电商村产居共生建构的脉络,分析纵向历时轴上的演变形态及其特征,从而为电商村的后续发展提供指导性借鉴。

(2) 横向"共时轴"上的产居共生体系与组织机制。寻求差异化的社会发展、产业调整、生活演进、主体重构影响下的电商村产居共生规律。对共生体系的各个组成要素分别进行解析,具体到共生单元、界面、模式和环境。在此基础上,以"共生体系—共生线索—共生机制"的视角切入,分析产居要素组成、结构模式、属性机制。

---

① 朱晓青.基于混合增长的"产住共同体"演进、机理与建构研究[D].杭州:浙江大学,2011:19-20.
② 朱晓青.基于混合增长的"产住共同体"演进、机理与建构研究[D].杭州:浙江大学,2011:36.

（3）综合"图谱式"的产居共生特征评价与格局探究。时空图谱作为一种能够将复杂的地学问题转译于简洁二维空间的方法，将其运用于电商村产居共生的空间规律解析。基于此，研究尝试性地从微观视角切入，建构针对产居共生评价的时空图谱模型，更直观、全面地阐释产居共生的既存现象，从而完成时空层面的格局解析，借以评判时空绩效从而辅助导控决策。

2.4　本章小结

电商驱动下的乡村空间、社会、经济发生重构。在乡村振兴的背景下，产业与人居共同发展成为关键。引入生物学共生理论作为基础，通过内涵溯源、思维演化及概念解析，推导共生理论对于电商村产居发展的契合与启示。进而，揭示出电商村产居共生的发展内涵包括"均衡性"思路、"互助性"路径和"共赢性"格局，其关键问题是以"产居共生"为内核，"混合增长"为外延，"共生共荣"为目标，以及研究的基本思路为"历时"与"共时"结合的格局解析。

3　现象释因:电商驱动下浙江乡村"产居共生"演进动因与格局

纵观浙江乡村的演进脉络,从初始朴素的产居基因根植,到电商驱动下的产居动态演进,产居共生发展始终是乡村发展与振兴的关注重点。功能混合、社群演替、空间更新,显现乡村电商的产居混质活力。此外,由于乡村长期以来遵循着一定的发展惯性,形成了一定的路径依赖。应对动因庞杂、形态多元的产居共生方式,自上而下的建管滞后矛盾被一再放大。具体到每个时期,产居功能都是"空间组织"对一时一地的"生存方式"的适应性表达,并具有多样性的共生动因和模式表达。以电子商务驱动为内核,通过对浙江电商村产居共生建构的脉络梳理,分析社会经济背景、产居空间特征和共生模式,以期形成电商村产居共生的阶段性经验归纳。

3.1　增长轨迹:电商驱动下浙江乡村"产居共生"演进脉络

关于电商村演进历程的分析,国内相关代表性的研究包括:阿里研究院将电商村发展分为 3 个时期,即萌芽期(2009—2013 年)、扩散期(2014—2016 年)、爆发期(2017 年至今);曾亿武等①选择了东风村和军埔村作为研究案例,发现电商村的形成过程包含引进项目、初级扩散、加速扩散、抱团合作和纵向集聚五个环节;王倩②将电商村的演变周期依次划分为萌芽、扩散、分工和规范化发展阶段;罗震东等③归纳电商村的发展经历了 1.0 时期(依托宅基地自建房,混合居住、办公、加工从事电商活动)、2.0 时期(产业空间的规模化建设与配套设施的综合化扩张)、3.0 时期(乡村治理全面建设、乡村环境全面优化)。研究总结上述学者的观点,并结合 Bruso④ 和 Otsuka⑤ 的聚落增长理论,阐释电商驱动背景下乡村"产居共生"的演化脉络。

3.1.1　依托寄生:"产居混合"的初始生成(1978—2005 年)

1)块状经济带动"前电商村"产业积累

浙江乡村工商业的发展在 20 世纪 80 年代至 90 年代初期曾经掀起过一个高潮,那就是

①　曾亿武,邱东茂,沈逸婷,等.淘宝村形成过程研究:以东风村和军埔村为例[J].经济地理,2015,35(12):90 - 97.

②　王倩.淘宝村的演变路径及其动力机制:多案例研究[D].南京:南京大学,2015:26 - 29.

③　罗震东,陈芳芳,单建树.迈向淘宝村 3.0:乡村振兴的一条可行道路[J].小城镇建设,2019,37(2):43 - 49.

④　BRUSO S. The Idea of Industrial Districts:Its Genesis[C]. Industrial Districts and Cooperation. Geneva:ILO,1990.

⑤　OTSUKA K,SONOBE T. A Cluster-based Industrial Development Policy for Low-income Countries[R]. Policy Research Working Paper,World Bank,2011.

乡村工业的崛起,也有学者称之为"乡镇企业异军突起"。乡镇企业的发展,解决了上亿农民的"泥腿子上岸"①问题,农民可以"离土不离乡,家门口就业"②。最典型的特征是以"家庭作坊"③为代表的个体商户等经济体大量涌现,自发形成"轻、小、民、加"④的块状经济⑤。由基层社队和农民自主推动,"村村点火,户户冒烟"的产业繁荣,如同一场革命带动了乡镇的迅速发展⑥。1992年邓小平同志南方谈话之后,块状经济更是进入了转型和快速发展的十年。

截至2005年⑦,在浙江省90个县(市、区)中,有82个形成了具有地方特色的块状经济,如绍兴柯桥轻纺、义乌小商品、萧山汽配、金华永康小五金等⑧。据统计,2005年块状经济工业总产值18 405亿元,占全省工业总产值的60.9%(表3.1)。其中,乡镇企业是浙江块状经济的主体之一,虽然多数没有进入大工业生产体系,却形成了以特色产品为龙头、以专业化分工为纽带的"一村一品、一乡一业"地方生产体系,如纺织业、汽配、皮草、鞋衣生产等,以及为之配套的社会服务体系,构筑起专业化生产区,呈现"无形大工厂"式的区域规模优势。较为发达的块状经济逐渐成为区域经济重要的增长极,也促成了农业经济迈向乡村工业经济的转变,改变了乡村地区单一的经济结构,也为电商村的崛起提供了坚实的产业基础。

表 3.1　2005 年浙江省部分"块状经济"产值

序号	块状经济体	2005 年年产值/亿元	序号	块状经济体	2005 年年产值/亿元
1	绍兴纺织	1021	11	慈溪家电	163
2	义乌小商品	433	12	温岭汽摩配	155
3	萧山汽配	360	13	海宁皮革	129
4	永康五金	331	14	龙港印刷	125
5	余姚家电	250	15	桐乡羊毛衫	117
6	乐清电器	225	16	玉环汽摩配	113
7	秀洲纺织	212	17	温州鹿城皮鞋	101
8	诸暨贡缎	197	18	嵊州领带	100

① 南方水稻插秧过去一般是赤脚在水田里操作,因此,农民往往腿上有泥,所谓"泥腿子"也就成了在南方地区(特别是长三角地区,而且特别是在沪杭等地)对农民的代称。

② 指在家乡不以种地谋生,搞企事业,做加工业服务业等。

③ 黄世界.乡镇民营企业的崛起与乡镇治理的转型:以福建省陈埭镇为例[D].武汉:华中师范大学,2013:107.

④ "轻、小、民、加"的产业结构是指轻重工业结构中以轻工业为主,企业规模结构中以中小企业为主,所有制结构中以民营经济为主,产业链结构中以加工制造为主。

⑤ 郭占恒.以"重、大、国、高"优化提升"轻、小、民、加":浙江产业转型升级的思路和政策选择[J].浙江社会科学,2009(6):16-21.

⑥ 沈关宝.一场静悄悄的革命[M].上海:上海大学出版社,2007:66-67.

⑦ 2008年浙江省出台《关于加快工业转型升级的实施意见》,着力推进浙江省块状经济向现代产业集群转型升级。在此之后,块状统计的相关统计与学术研究数量减少。而且,电商产业村的发展也从2008年前后开始,因此选择这个时间点。

⑧ 浙江块状经济是指在浙江省内形成的一种产业集中、专业化极强的,同时又具有明显地方特色的区域性产业群体的经济组织形式。

序号	块状经济体	2005 年年产值/亿元	序号	块状经济体	2005 年年产值/亿元
9	大唐袜业	191	19	临海礼品	99
10	店口五金	175	20	新昌轴承	85

(表格来源:《2005 年浙江块状经济发展报告》①)

2)"厂坊经济"催生产居混合活力

早期的江南水乡中,乡村多是傍水而居,围田而建,具有"河、田、村"的典型水乡格局特征。而随着乡村工业化的推进,使得一部分城市功能外溢迁移进入乡村,资本、生产厂和劳动力也随之涌入,乡村逐渐发展形成了"河、田、厂、村"的新型空间格局②。随处可见厂房散落在村宅的周围或附近,工业用地向四周辐射增长,逐渐包围了原有乡村(图 3.1)。这一时期,"厂"与"村"的关系成为决定乡村空间格局的核心因素,河、田、路的重要性被削弱,充分反映出当时乡村的产居混合活力。

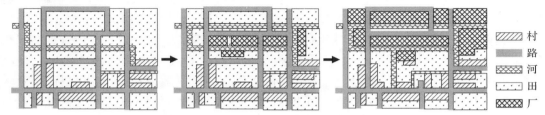

图 3.1　乡村工业化的空间结构演变示意

(图片来源:作者自绘)

此外,以"温州模式""义乌现象"为代表的家庭工坊模式也开始大量涌现。家庭工坊作为具有灵活性、易操作性、高效率等特点的产居模式,不仅满足了乡村人居单元对产业植入的空间诉求,同时还促进了产业形态与人居载体的不断契合③。发轫于乡村中小个体村户的就地式转型,使得家庭工坊在乡村中有着强劲的扩散动力。

3)产居平衡失稳形成依托寄生模式

依托寄生(Parasitism)主要表现在能量由寄主向寄生者流动,且这种流动具有特定的方向性。在获得相应能量以后,寄生者可以迅速发展,而寄主却出现能量损失无法持续发展,甚至受到一定程度的阻碍导致发展停滞不前。乡村原有的生产空间主要用于农产品培育种植,同时还兼具了一定的生态功能。乡村工业化、非农化的经济发展之路,改变了乡村固有的产业模式,打破了传统的产居空间格局,也在一定程度上牺牲了人居的部分利益,从而为产业的增长效率提供支持,这是共生理论中一种典型的依托寄生关系:

① 由于用地和功能的混杂,使得乡村人居空间品质出现了明显的退化迹象,道路体系不够健全,河道淤泥堆积,自然生境遭到破坏;② 大量的厂房将乡村紧密包围,原有的村民

① 潘家玮,沈建明,徐大可,等.2005 年浙江块状经济发展报告[J].政策瞭望,2006(7):4 - 9.
② 雷诚,葛思蒙,范凌云.苏南"工业村"乡村振兴路径研究[J].现代城市研究,2019(7):16 - 25.
③ 朱晓青,吴屹豪.浙江模式下家庭工业聚落的空间结构优化[J].建筑与文化,2017(7):78 - 82.

活动区域和公共场所被产业用地进一步蚕食,使得乡村失去了拓展和更新的空间,基础设施也无法及时跟进,公共绿地大面积匮乏;③乡村原先完备的、成体系的农业生产功能逐步退化,工业生产产生大量的废弃物、垃圾等,随意排放进入乡村的道路、农田和河道中。

3.1.2　偏惠共生:"产居一体"的发轫与增长(2005—2013年)

1)电商经济驱动乡村就地产业转型

中央政府从2004年起每年下发关于"三农"的"一号文件",包含了对于乡村现代化、信息化发展战略的指引方向。乡村基础设施建设投入巨大、乡村"触网"比例快速提高。"十一五"时期基本实现了"村村通电话,乡乡能上网"。在城市生产范围不断扩大,消费能力不断提高之际,乡村空间再次成为生产转移的最佳场所[①]。依托"互联网+"发展的大环境和扎实的村内产业基础、低廉的生活及生产成本,乡村中的部分乡贤、能人,以及一些电商从业者,逐步接触并从事起乡村电子商务产业。2005年被广泛认为是中国乡村电子商务发展元年,此后,越来越多的村民和乡村小微企业开始涉足乡村电商领域,创新了商业经营模式、促进了乡村的就地产业转型。

开设网店的门槛低,一般只需具备电脑、网络和商品即可(材料3-1),因此这种高利润的产业模式开始引起村民的广泛关注。通过相互学习与模仿,更多的村民开设网店,促使电商产业在村内快速扩散,并逐渐成为乡村经济的重要支柱[②]。"放下锄头,点下鼠标,生意做成"已成为村民们新的生产方式。在乡村电商产业发展的同时,村内与电商相关的配套服务产业(如物流配送、产品设计、包装销售等)亦应运而生。在"互联网+"变革的推动下,乡村产业结构实现了从第一、第二产业向第三产业跃迁。但由于该阶段的电商村发展尚处于初级阶段,不具备过往经验集成,其发展态势往往具有自发性、偶然性、无序性的特征。

【材料3-1】

2010年左右,300元就可以租下一个4 m×4 m的单间,再拉一根网线连接到从二手店淘来的电脑,就可以开张了,这是青岩刘村网商店主的标配,全部搞定不过500元的花销。(青岩刘村网商孙先生)

2)"家庭电商"推动产居一体增长

为集约用地、节约成本,乡村"家庭电商"多是从早期的"家庭工坊"转型而来。在电商村形成之初、经营规模尚未扩大之时,电商经营户就充分利用自家村宅和院落加以改造,形成不同类型的家庭电商单体范式。在水平关系上,各家各户的前后庭院及宅旁土地被改建为作坊、店铺、货物仓储空间,网店空间则利用村宅内的剩余空间进行改造,形成"前仓(铺)后店""前坊后店"的水平空间范式,多见于1～2层村宅(表3.2);在垂直关系上,网店与居住空间通常在上层,中下层用作加工作坊、仓库、餐饮、零售等,形成"上店居下坊铺""上居中店下坊铺"的垂直空间范式,多见于2～4层村宅(表3.2)。

---

　　①　胡毅,张京祥.中国城市住区更新的解读与重构——走向空间正义的空间生产[M].北京:中国建筑工业出版社,2015:36.

　　②　郑新煌,孙久文.农村电子商务发展中的集聚效应研究[J].学习与实践,2016(6):28-37.

　　由于村宅低廉的改建成本和快速更新的特点,这种家庭电商范式逐渐在全村蔓延开来,传统的乡村产居空间模式得以重塑。虽然这样的单体布局方式大大挤兑了生活空间,但有利于村民利用宅基地进行功能叠合,突破现有发展需要的空间限制,满足电商产业对空间"数量"的需求。电商经营、产品加工、货物储存、日常起居都在同一宅地范围内进行,村宅的生产生活功能混合,产居一体模式在乡村中快速增长。

表 3.2　家庭电商"产居共生"空间范式

范式	前仓铺+后店居	前仓坊+后店居
空间利用形式示意图		
特征	前(沿街):商铺或仓储空间。 后(非沿街):生活和网店空间	前(沿街):商铺或仓储空间。 后下(非沿街底层):工坊、网店空间 后上:生活空间。
范式	下坊铺+上店居	下坊铺+中网店+上居住
空间利用形式示意图		
特征	下(底层):仓储商铺和工坊空间。 上(二层):生活和网店空间	下(底层):仓储商铺和工坊空间。 中(二层):网店空间。 上(三层):生活空间

(表格来源:作者自绘)

3) 产居集成组织形成偏惠共生模式

　　偏惠共生(Commensalism)特指的是两种独立生存的物种彼此之间通过某种关系相互生活一起的现象,是物种间共生演化的过渡阶段。偏惠共生对其中一方有明显的利好作用,对另一方的效果不明显,属于单向的正相关作用。电商驱动下的乡村产居组织模式相较于工业化发展时期差异明显,后者是对乡村空间粗放式侵占,而前者则与乡村固有的特点相互兼容。村宅为电商产业的早期发展提供了契合的空间载体,村民则成为电商产业转型的主体支撑,这与电商创业成本相对较低,以及与村民的抗风险能力相匹配息息相关。

　　乡村人居单元为电商发展提供了根基支撑,反之,电商却对乡村人居提升的作用甚微。村内人居环境和公共服务没有得到相应的改善,这也在一定程度上阻碍了乡村人口的回流与扎根,这在部分乡村表现得尤其突出。例如湖州大河电商村中,虽然乡村电商产业发展迅速,村民收入水平提高,但乡村人居环境仍没有得到重视,依然破败不堪,公共服务设施也未获得明显的提升。许多村民在赚钱后选择在周边县城买房,而不是驻扎于乡村之中,于是出现了罕见的"反留守"现象[①],表现为老人与儿童留守在城市、中青年劳动力"进村务工"的奇特现象。电商村在这个阶段扮演的更多是一个电商经营场所的角色,生态宜居的乡村本质特性反而被忽视湮没。

3.1.3　偏害共生:"产居杂糅"的膨胀与失稳(2013—2017 年)

1)利益驱使下的电商村资本涌入

2013、2014 年中央一号文件多次提出需要着力加强乡村电子商务。浙江省也于 2014 年印发《浙江省农村电子商务工作实施方案》。政策的陆续出台成为乡村电商产业发展的催化剂。各类企业也纷纷投入了极大的热情入驻电商村,为电商村带来了各种资本和技术。乡村也俨然成为各家大型企业争相抢夺的战略要地。仅在 2014、2015 年,便有 60 多家互联网企业来到乡村抢夺市场开始了"刷墙大战"。诸如"生活要想好,赶紧上淘宝""发家致富靠劳动,勤俭持家靠京东"等标语遍布浙江各地的乡村中(图 3.2)。2014 年 6 月起,乡村电商战略纷纷出炉。同年 10 月,阿里巴巴推出了"千县万村计划",京东也于 11 月推出了"千县燎原"计划,苏宁更是建设了上万家乡村服务站点。浙江的电商村数量剧增,也涌现出了"遂昌模式""临安、桐庐模式""义乌模式"等典型的乡村电商模式。

图 3.2　"电商进村"的宣传标语

(图片来源:网络查找)

2)自组织行为导致产居杂糅乱象

电商村引发资本、媒体、服务商等的关注与介入,大量资源向乡村内导入。电商村的示范作用和经济的"溢出效应",既吸引着周边村民集聚[②],又促使许多外出打工的 80、90 后村民选择返乡,兴起了一股"返乡潮",电商从业者数量呈指数式增长。电商产业的急速扩张改变了乡村固有的产居空间格局。以家庭电商模式为主导的"小生产"功能单元"量"增显著,为产居空间的变迁与重构带来了新的动力。但由于缺乏规划与管控,产居自组织行为多为无序发展,在其背后隐藏的是产居空间对秩序的诉求(表 3.3)。

---

① 陈宏伟,张京祥.解读淘宝村:流空间驱动下的乡村发展转型[J].城市规划,2018,42(9):97-105.
② 张天泽,张京祥.乡村增长主义:基于"乡村工业化"与"淘宝村"的比较与反思[J].城市发展研究,2018,25(6):112-119.

　　(1)民利难阻,违建频发:随着生产规模的扩大,村宅与自家庭院已经不能满足发展要求,部分村民开始在道路两侧和耕地中自发建设生产、仓储厂房。经营空间突破村宅的限制,建立独立的生产场所。严格来说,这些自发的建设行为并不符合相关的用地管理规定,但当地政府为了支持和保护电商产业的发展,在电商村的高速增长期给予了宽容。各种自发的违章翻建、违建,严重破坏了乡村原有的风貌和肌理。

表 3.3　电商村产居自组织失衡空间示意

失衡特征	失衡前的空间形态	失衡后的空间形态
民利难阻,违建频发		
	在道路两侧和农田中自发建设生产、仓储厂房	
拆墙开店,风貌异化		
	道路两侧集聚了大量电商相关产业,公共空间遭挤压,街道风貌异化	
产居杂糅,品效失衡		
	牺牲了生活、娱乐、休憩功能空间以满足电商产业,产居共生系统失去平衡	

(表格来源:作者自绘)

(注释:▨原建筑;▬路;⬚场地;▩违章建筑)

　　(2)拆墙开店,风貌异化:部分村宅选择拆除原先的院墙、围墙,打开对街道的空间,以满足更多的生产、经营、办公功能,而居住空间则被迫转向背街。在主要的道路两侧,集聚了大量电商相关服务业,包括快递物流、物料批发、商品展示、融资服务、餐饮购物等各类功能,原本就不宽的街道界面被挤压得更窄、更为拥挤。乡村内有限的存量空间不断被压缩,公共空间遭到侵蚀和缩减。

(3)产居杂糅,品效失衡:在乡村有限的空间供给下,不少空间必须兼具产业与居住功能。实际上,规模化民宅附商后,是牺牲了部分居住功能以满足电商产业的使用。无序的产居空间杂糅,降低了村民的生活空间品质。而电商产业的经营特征,也打破了传统乡村的生活节奏,引发产业效率与人居品质的普遍矛盾。

3)产居相互博弈形成偏害共生模式

偏害共生(Amensalism),生物学中的解释是指生物在新陈代谢中产生另一些物质来改变环境,影响其他生物生长或繁殖,甚至将其他生物杀死的现象。其中一方获得部分利益,但另一方要做出相对较多的牺牲。该阶段的电商村发展呈现出一种"经济至上""野蛮发展"的状态,在逐利趋势下,产权所有者(村民)与空间使用者(电商从业者),在整个发展过程中都不具备可持续发展的长远眼光[1],伴随着多样化的问题产生:

① 乡村的存量空间持续压缩,再加上用地指标的短缺,使得电商产业发展的空间不足。同行竞争压力增大,租金、劳力等生产成本上涨,电商产业进入相对停滞状态;② 电商"利益同盟"打破了原本乡村"血缘""地缘"型"熟人社会"组织。高密度的人口集聚在带来巨大住房压力的同时,也对乡村公共空间品质、服务设施提出更高的要求;③ 乡村原本的肌理被破坏与侵蚀,出现"似镇非镇、似乡非乡"的状态。在乡村中违章乱建现象严重,到处都有私拉乱扯电线、网线的情况,街道卫生变差、消防安全威胁以及噪声污染等各种问题频繁发生。在电商产业尚未发展以前,所形成相对稳定的系统生态基本失去平衡。新型生产和生活方式又无法完全融入乡村现有的空间格局中,再加上缺乏一定的管控机制,出现了各种利益的相互博弈,涌现产、村分区破碎,产、居功能干扰,产、住社群混杂等乱象。两者相互限制约束,陷入"偏害共生"的危机状态中。

3.1.4   互惠共生:"产居共生"的反思与转型(2017年至今)

1)乡村振兴导向下的理性回归与管控介入

2017年10月,十九大报告提出乡村振兴战略,其总体要求是"产业兴旺、生态宜居、乡风文明、治理有效、生活富裕"。此后,浙江省发布《浙江省乡村振兴战略规划(2018—2022年)》,对实施乡村振兴战略作出阶段性谋划。基于该政策导向,乡村电商在经历了发轫与增长、膨胀与失稳两个时期后,开始转向于理性的回归乡村需求的思考,进入了稳步的"降速"和"提质"发展时期。

乡镇政府也从当地电商经济的利好中醒过味来,自上而下的管控力度逐渐增强,归结起来,政府主要扮演三种角色[2](表3.4):一是制度和政策制定者,以北山村为例,丽水市缙云县政府出台《缙云县电子商务进农村综合示范实施方案(2019年—2022年)》等文件,充分发挥综合示范管理作用;二是公共产品和公共服务供给者,以白牛村为例,乡村政府成立电子

---

① 杨思,李郇,魏宗财,等."互联网+"时代淘宝村的空间变迁与重构[J].规划师,2016,32(5):117-123.

② 朱晓青.基于混合增长的"产住共同体"演进、机理与建构研究[D].杭州:浙江大学,2011:125-128.

商务产业发展办公室,指导扩大生产用地,建设电商大楼;三是中间组织者,北山村和白牛村的电商都在政府的组织下,不定期参加电商培训班,从商品质量和服务态度方面提升了村民的电商经营水平。这一阶段过程中,乡村电商产业的主导因素为市场推动与政府引导,具有稳定性、连续性、靶向性的特征。

表 3.4　电商村发展中政府扮演的角色及相关案例

扮演角色	实际案例	主要内容
制度和政策制定者	缙云县电子商务进农村综合示范实施方案(2019年-2022年) 发布日期:2021-02-22 10:51:19 文章来源:缙云 为推动我县农村电子商务深入发展,建立完善农村现代化市场体系,根据《财政部办公厅 商务部办公厅 国务院扶贫办综合司关于开展2019年电子商务进农村综合示范工作的通知》(财办建〔2019〕58号)和《浙江省电子商务进农村综合示范工作要点》文件精神,结合缙云县发展实际,制定如下实施方案。 　一、总体思路和目标 　以习近平新时代中国特色社会主义思想为指导,全面贯彻党的十九大和十八届二中、三中全会精神,以电子商务进农村综合示范工作为载体,聚焦乡村振兴发展战略,构建高效有效和通畅的农村电商供应链体系和农产品市场体系,打造综合示范"升级版"。争取到2020年底,全县实现农产品网络零售额6.5亿元,培育电商镇4个以上;培育一批农产品上行示范村,打造一批样板村电商服务站(点),提高农产品上行效率;推进农村物流协同发展,促进农村电商配套支撑体系更加健全。 　二、实施路径和具体举措 　(一)加快推进农产品上行 　1.支持涉农企业开展线上营销。鼓励传统涉农企业依托缙云县"五彩农业",引导"两黄、两白、一灰、一红、一黑"农产品(其中"两黄"为缙云黄茶和黄茶;"两白"为缙云烧饼和爽面;"一灰"为缙云麻鸭;"一红"为缙云杨梅;"一黑"为梅干菜),通过第三方平台、社交电商平台、小程序等手段构建,开设网上旗舰店或专卖店等特色农产品展销厅,组织开展"农产品网购节"、乡村体验节等活动开展网上营销,推销农特产品和农村生活服务,拓展网上市场,实现线上线下融合发展。	出台《缙云县电子商务进农村综合示范实施方案(2019年—2022年)》,发挥综合示范管理作用
公共产品和服务供给者		白牛村成立电子商务产业发展办公室,建设电商大楼
中间组织者		不定期组织电商培训班,提升村民的电商水平和生产水平

(表格来源:作者自绘)

2)"自上而下"引导产居共生转型

随着乡村进入电商集群化阶段,乡村功能持续分化,在生产空间成为主导,生活空间被不断边缘化的情况下,政府积极组织生产与生活空间的平衡,共同发展,产居空间由"膨胀失稳"开始向有序化转型:

(1)鼓励适度"整合":引导乡村原有分散的生产空间多元化、集中化、立体化①聚集,村

---

① 杨思,李郇,魏宗财,等."互联网+"时代淘宝村的空间变迁与重构[J].规划师,2016,32(5):117-123.

民居住空间打破原有的行政界线藩篱,向集中社区集聚。以碧门村为例,2018 年,政府在 201 省道边新建电商服务中心(图 3.3),组织部分电商经营户集中管理;2019 年建成的居住组团(图 3.4),用地面积为 6000 m²,旨在对周边零散的人居空间进行合理的"撤退并点",引导"村民上楼";北山村也在政府的组织下,在村的核心位置规划建设了提供配套服务的"电商文化产业街"。

图 3.3　碧门村电商服务中心　　　　　图 3.4　碧门村新建居住组团

(图片来源:湖州市灵峰街道提供)

　　(2)整治自发"违建":早期乡村用地宽松,建设的自发性明显,功能分布缺乏规律,空间杂乱。碧门村村委从 2018 年起,开始责令一些严重破坏乡村风貌、占用乡村公共空间的摊、棚拆除,原则上不允许任何构筑物超出宅基地的范围,宅基地上的建筑功能变更需要经过严格的审批与核准。沿街的两侧、公共的休憩及活动空间内也不允许存放货物,或在此处进行打包和物流。

　　(3)减避产居"矛盾":电商村内街巷里弄内分布了大量的加工厂、小作坊,造成噪声、污染和消防隐患等问题。白牛村村委即规定家庭作坊、加工厂等在村民休息时间的生产噪声分贝阈值,不得随意排放乱扔生产、包装、物流垃圾等,并专项检查是否满足消防规范、日照间距等,从而尽量减避产居空间的矛盾与制约。

　　(4)统筹配套"规划":对于发展状况良好的电商村而言,原有的空间不足问题日益凸显,快递转运、生产规模的扩大缺乏相应的空间支持。于是乡村政府或企业会在村域范围内扩建各类电商产业设施及公共服务配套设施等,出现了呈线性分布的电商产业街或是组团状的各类电商产业园区,能够更大限度地满足电商服务功能,也将乡村内的电商发展活力进行适度集中。

　　3)产居协同增长向互惠共生模式过渡

　　互惠共生(Mutualism)是共生中的一种特定形态,指的是共生双方在彼此的共生关系中均能获得利益,因此称为互惠共生。在乡村振兴背景下,基层政府抛弃"增长主义惯性",规范乡村电商发展,着力提升乡村人居环境。电商村"产业兴旺"与"生态宜居"之间关系更趋紧密,协作与互动促进了双方的共同发展演进,呈现出向"互惠共生"过渡与转型趋势。

　　调研发现,随着乡村整体人居环境品质提升,以及生活功能配套完善,越来越多的返乡青年以及思维活跃、对新技术应用能力较强的电商精英,愿意投入到乡村电商的发展以及乡村整体的建设中来,降低了电商劳动力成本,更加速了乡村电商的发展进程。同时,劳动力的回流,减轻了乡村内部"空心化"的现象,提升了乡村的土地价值和租金收入,村民也更愿意自发地去改造提升乡村。"产"与"居"形成一种相互协同、互促互利、共同增长的状态,这一阶段,产居二元之间已经出现了"互惠共生"的雏形。

3.2　内外合力:电商驱动下浙江乡村"产居共生"的演进动力机制

电商村的"产居共生"经历了"初始生成—发轫增长—膨胀失稳—反思转型"的发展历程,其演进具有内源性与外生性两种驱动力。"互联网+"产业转型和"能人经济"的带动,构成了"产居共生"演进的内源动力,而配套功能的完善与政策弹性的管控,作为外生推力,对乡村"产居共生"的组织运行起到支持作用(图3.5)。一方面,时间和空间上各种动因呈现出不均衡的作用特征,形成了"产居共生"演进的类型化差异;另一方面,各种动因形成合力,推动"产居共生"的秩序化与可持续跃迁。

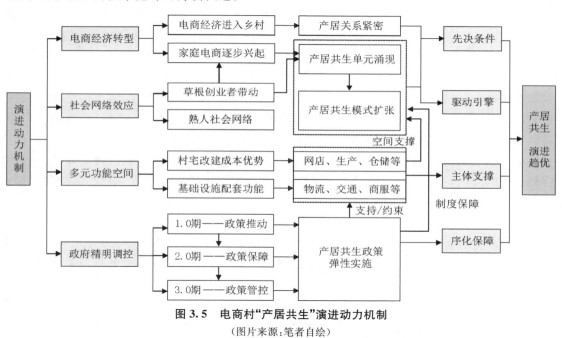

图3.5　电商村"产居共生"演进动力机制

(图片来源:笔者自绘)

3.2.1　电商经济产业转型的"先决条件"

在乡村经济发展的不同阶段,其产业结构、生产技术及投入要素均有较大区别,进而影响空间需求。"互联网+"影响下的乡村经济非农化的跃迁,改变了乡村传统的生产方式,使得大量劳动力脱离田地、工厂的限制,转而与人居空间密切结合,成为家庭电商形成的先决条件。到了乡村电商经济的繁盛时期,物流、美工、广告、仓储等功能的植入,使乡村产业用地需求进一步增加,非农型产居共生现象更加规模化。生产方式的不断调整,使得乡村产居共生模式不断自我适应、精明增长、演进趋优。

"互联网+"彻底改变了乡村的商业模式、村民的生产方式和生活方式。作为综合型的平台中介,电商经济的强大辐射力不仅覆盖了销售环节,还将原料采购、生产加工、产品营销、物流配送、支付结算等一系列功能纳入了新的乡村产业系统,使得乡村内部形成一个产业链完整的"产居共生系统"。同时,电商经济的低投入和低运营成本的模式具有较强的可复制性,以家庭电商为小微的"产居共生单元"范式也能够在乡村中较快蔓延扩散。

3.2.2　乡村社会网络效应的"驱动引擎"

具有开拓意识和创新精神的乡村精英在产居演进过程中扮演了重要角色。大量电商村的形成过程表明,草根创业者是推动电商村形成的核心动力,其中包括:①　"转移"草根创业者[①],之前不在乡村,或者不从事电商产业,发现"互联网＋乡村"拥有产业潜力,最早返乡创业;②　"新生"草根创业者,乡村中其他工作者、打工者,或是外来打工者,在电商领头人的带领下,成为创业者。在这其中,大学生以及返乡村民逐渐发展成为电商兴起的带头人。这类群体具备较为成熟的电脑操作能力和网络知识,网购经验也相当丰富,商业意识也基本具备,他们通过文化反哺当地农民,还能提升农民的技术意识和信息意识,在整个发展过程中起到了重要的启蒙和催化作用。"带头人"在早期建立的家庭电商,以及一些小型的物流、作坊、仓储空间,成为乡村内产居共生的雏形,并以散点式的形态分布于乡村中。

作为社会关系相对稳定和封闭的乡村地区,创业信息和知识的传播在乡村内部的阻隔成本极低,同村或邻村的社会网络中大都有着或多或少的血缘与亲缘关系,这一感情纽带在一定程度上充当了原始的信用筹码,消除了市场信息不对称。以血缘、亲缘、友缘关系为纽带的乡村"熟人社会"网络具有明显的自组织性,能够在乡村内部快速积累和传递创业经验。家庭电商的成功范例,使得村民创业具有可模仿、可借鉴的经验参考,创业时间和精力成本降低。短时间内"一传十,十传百"的扩散效应,使得产居共生的现象以"裂变式"快速复制,向外扩张(材料3-2)。

【材料3-2】

碧门村党总支书记率先创办了第一家家庭电商,以售卖竹凉席为主。在他的号召下,许多村民开始了电商创业之路。村民创业热情高涨,并积极学习电商的销售技巧与产品的转型工艺。全村的加工型企业逐渐转型,主动或被动地从线下买卖转型到线上交易的工厂越来越多,后期又加入了各种竹子的衍生产品。最终形成了以乡村精英为首,当地村民为群的"梯队式"电商经营主体,成为碧门村"产居共生"演进的驱动根基。(碧门村党总支李书记)

随着电商产业规模逐渐扩大,电商行会制度应运而生。这种由从业者自发形成的组织形式,既提供了同行业者相互帮助的基础,又建立了对乡村人居空间开发、利用的有效管理。行会系统下的统筹管理,有效锁定了同业者的无序竞争,避免了产居功能的失稳,也更进一步促进了产居共生的序化提升。业缘联系超越了血缘、地缘纽带,成为后期电商村中产居混合与集成的"驱动引擎"(图3.6)。

---

① 阿里研究院. 中国淘宝村研究报告(2009—2019)[R]. 2019,8.

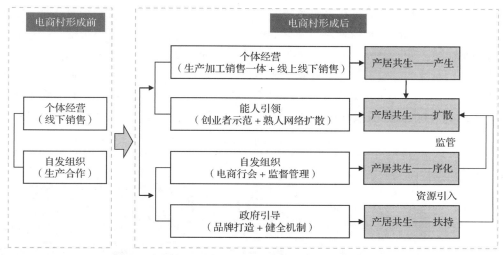

图 3.6　电商村形成后的社会网络对"产居共生"影响效应
（图片来源:作者自绘）

3.2.3　乡村多元功能空间的"要素载体"

从电商村发展需求的角度来看,产业与居住及其他配套功能的充分混合,相互支持,是乡村产居共生可持续性演进的"主体支撑",也是保证乡村活力的重要条件之一。

首先,发展电商产业首要问题便是解决办公用地和生产用地。对于乡村而言,人均用地面积相较于城市高出很多,且其空间在使用上具有更灵活的拓展性。村民可以将自家村宅部分改建为电商办公空间,底层或宅院部分可以用作仓储或生产厂房,而在此过程中无须增加额外的租金投入,具有"低生活成本"和"低租金税费"的优势(材料 3-3)。除此以外,在产业发展前期,单纯依靠家庭成员的分工合作便能够解决许多经营问题,从而进一步节约人力成本。乡村人居空间所具备的特征,能够顺利实现电商产业空间的扩建,也能够为乡村电商兴起和发展提供各种先决条件,促进电商模式升级和顺利转型。

【材料 3-3】

义乌青岩刘村地处城乡接合区域,生活成本较低。另外,房屋结构上集住宿、办公、仓储等多功能于一体,非常适合经济实力弱、刚起步的电商创业(图 3.7)。(义乌市江东街道经济发展办公室吕主任)

图 3.7　义乌青岩刘村租房与招聘广告栏
（图片来源:作者自摄）

　　其次,乡村基础设施支撑电商配套功能,各类要素的交互使得产居共生具有良好的发展条件(表3.5)。电商村中物流设施越密集,布局越合理,越能提升产品的运输、配送效率等;电商村的加工工厂可以既生产产品,又能够满足备货的需要;便利的交通设施可以满足邻近村镇的劳动力前来打工谋生;商业服务设施的建设则能更好地服务于居民的日常生活,给予更多的生活便利性。电商驱动下的乡村发展从原先一个以居住功能为主的聚落,转变为一个功能多元、区域集成的规模化产居共生形态,产业、居住与配套功能的依存关系紧密。

表 3.5　电商村基础配套设施分类与案例

基础配套设施	案例实证	
综合服务设施	青岩刘村电商服务中心	白牛村电商服务站
物流设施	青岩刘村国际货运代理公司	白牛村顺丰速运公司
仓储设施	青岩刘村底层仓储空间	白牛村底层仓储空间
创客基地	青岩刘村联众创客大学	白牛村电商学堂

(表格来源:作者自绘)

3.2.4　政府精明调控引导的"序化保障"

　　政府和建设者决策对电商村产居共生发展具有自上而下的导控作用,并供应外部性的公共产品,可能是各类设施建设的刚性公共产品,抑或是专门化的政策和针对性的机制等柔性公共产品。在电商村的形成过程中,不同时段各级政府所发挥的职能有所不同①(图3.8)。

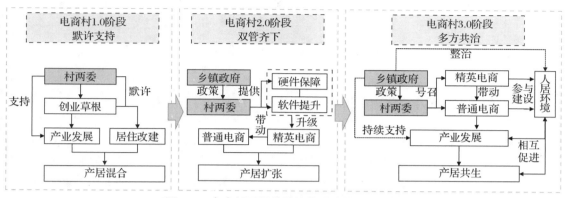

图 3.8 电商村不同发展阶段政府的职能差异
(图片来源:作者自绘)

1) 电商村 1.0 阶段——产居共生的推动

在电商村发展的 1.0 阶段,由于规模有限,一般尚未引起上级政府的重视,更多的是基层政府给予政策、土地、财政等行政力优势支持电商产业,甚至通过行政庇护在一定程度上默许了私建房屋等违法事件,以促成电商产业的快速发展,间接推动了产居共生模式的萌芽与生成。此外,以政府为主导的乡村改造在产居共生演进过程中也发挥了重要作用。早在2005 年以前,青岩刘村尚未见到一丝电商发展的迹象,而当其经过统一改造后,村民的住房面积大幅增加,大量民房得以闲置。而在一街之隔的地方兴建了义乌工商学院,学生开始租借青岩刘村部分民房用作办公室,作为电商创业的起点。加上政府给予的大力支持,推出了多种支持大学生创业的优惠政策,并成立了专门的网商服务组织,多种举措不仅为学生们营造了一个良好的"产业"环境,更解决了当时一大批村民的"人居"闲置问题,推动了产居要素的快速融合。

2) 电商村 2.0 阶段——产居共生的保障

随着乡村电商产业的快速发展,电商村也引起了社会各界和政府的关注,如 2014 年11 月,国务院总理李克强莅临"淘宝第一村"——浙江青岩刘村调研,并在 2015 年 1 月的达沃斯论坛上向全球介绍了这个案例,此时电商村发展进入了 2.0 阶段。多方高度关注促使上级政府开始介入电商村的发展,在大量资金和政策的支持下,各类公共服务产品被持续供应到电商村,无论是道路交通、土地供应、通信设施等硬性设施提供保障,还是品牌营造、市场宣传、电商导入等软性服务平台打造,都是产居共生模式规模化扩张的保障。

3) 电商村 3.0 阶段——产居共生的管控

当电商产业发展到无序扩张阶段,政府又出台相关法规,并开展教育和宣传,对家庭电商实行制度性培育,对产居容量、业态构成、职住人口比例进行指标控制,避免了乡村内部产

① 罗震东,陈芳芳,单建树.迈向淘宝村 3.0:乡村振兴的一条可行道路[J].小城镇建设,2019,37(2):43-49.

居组织的混乱和对生态环境的负面影响,起到了稳定发展的作用。同时,政府更是将其资源配置的优势作用充分发挥出来,通过科学规划和合理配置土地以及空间资源,加大产业园和物流园的建设力度,并为其提供了配套的建设设施,实现产居共生的有序集聚和发展[1]。

3.3　特征诠释:浙江电商村"产居共生"维度评价与空间格局

3.3.1　共生维度设定与空间图谱生成

1) 共生维度设定与量化

受规模化、普遍性的"家庭电商"发展影响,电商村产居个体演进具有在时间、空间、社群维度下的组群化关联。由此,基于微区位(Micro-location)下的产居共生维度评价,能够更好地表现其"自下而上"的组织规律。结合前文对于"产居共生"的演化脉络梳理,以及电商村发展的实际情况,确立共生维度[2]主要包括:① 时间共生维度(T),反映电商村产居共生的时态特征;② 空间共生维度(S),展现共生单元的功能构成;③ 社群共生维度(A),反映生活与生产的社会构成。分别计算产居共生单元的时间共生度(Time Symbiosis Degree,TSD)、空间共生度(Space Symbiosis Degree,SSD)和社群共生度(Association Symbiosis Degree,ASD),具体测算方式如下。

时间共生度(TSD):

$$TSD = \frac{2T_c \cdot T_j}{T_c^2 + T_j^2} \tag{3-1}$$

空间共生度(SSD):

$$SSD = \frac{2S_c \cdot S_j}{S_c^2 + S_j^2} \tag{3-2}$$

社群共生度(ASD):

$$ASD = \frac{2A_c \cdot A_j}{A_c^2 + A_j^2} \tag{3-3}$$

式中,T_c 表示统计得到的产业时长,T_j 表示统计得到的居住时长,当 $T_c = T_j$ 时,TSD 取到最大值 1,当 T_c 或 T_j 其中一项为 0 时,TSD 取到最小值 0;同理,当 $S_c = S_j$ 时,SSD 取到最大值 1,当 S_c 或 S_j 其中一项为 0 时,SSD 取到最小值 0;当 $A_c = A_j$ 时,ASD 取到最大值 1,当 A_c 或 A_j 其中一项为 0 时,ASD 取到最小值 0。

在得到"产居共生单元"时间、空间、社群共生度的基础上,通过三者的耦合计算,得到共生单元的综合共生度(SD),具体公式如下:

$$SD = \sqrt[3]{\alpha TSD \cdot \beta SSD \cdot \varphi ASD} \tag{3-4}$$

式中,α、β、φ 分别为时间、空间和社群共生维度的权重,为均衡三者对于共生单元状态的影

① 曾菊新,蒋子龙,唐丽平.中国村镇空间结构变化的动力机制研究[J].学习与实践,2009(12):49-54.
② 朱晓青,邹轶群,翁建涛,等.混合功能驱动下的海岛聚落范式与空间形态解析:浙江舟山地区的产住共同体实证[J].地理研究,2017,36(8):1543-1556.

响,且减少影响共生度评价的变量因子,故取 $\alpha=\beta=\varphi=1$。依据最终计算值,设定 SD 的取值范围为 0~1,SD 值越高,表示单元的共生度越高,反之则越低。

2)时空图谱的理论推演与建构

(1)时空图谱的理论推演

当介入电商村"产居共生"问题时,必须对其当下的发展机制具有深刻的认知,并基于空间规律制定规划,使"自上而下"的导控过程与产居空间发展逻辑相协调。时空图谱(Temporal-spatial Atlas)[1][2]作为一种能够将复杂的地学问题转译于简洁二维空间的方法,适用于电商村"产居共生"的空间规律解析。

图谱是一种客观、科学的量化分析方法,综合运用多维属性图解,解析、评价乃至模拟事物的时空规律,兼有"图"与"谱"的双重性[3],即包括"图形表达"与"谱序特征"。在生物医学、自然科学和工程设计等领域,图谱有着广泛的应用,诸如物理学领域的光谱和波谱、人体学领域的指纹图谱、生物学领域的基因图谱、医学领域的医学图谱等,并给空间图谱的研究带来诸多启示(表 3.6)。

表 3.6 相关领域图谱研究对空间图谱的启示

相关领域图谱	对空间图谱的启示
指纹图谱	建立研究对象的信息图谱库,用于归纳和整合成千上万的标准特征图形
基因图谱	从最小的研究单元视角出发,剖析研究对象的各种"病症",分析其基本单元的特征及缺陷,并寻找合理的"理疗"手段
医学图谱	医学中包含的解剖、诊断和理疗图谱,适用于空间图谱中针对现状的征兆、诊断和实施图谱,为解决空间问题提供思路
光谱、波谱	从复杂、抽象的研究对象中抽取最根本的特征,以简洁、易懂的图形来表达

(表格来源:根据相应文献整理[4])

时空图谱理论源于地学研究传统[5][6][7]。空间图示一直是地学进行图形化的思维模式、数字化的分析和动态的模拟的主要手段,也被称为"地理学的语言"。时空图谱理论由此衍

① 邬轶群,朱晓青,王竹,等. 基于产住元胞的乡村碳图谱建构与优化策略解析:以浙江地区发达乡村为例[J]. 西部人居环境学刊,2018,33(6):116-120.

② 史修松. 产业集聚空间图谱的定义、内涵和表达方式探讨[J]. 测绘与空间地理信息,2012,35(12):6-8.

③ 邬轶群,王竹,于慧芳,等. 乡村"产居一体"的演进机制与空间图谱解析:以浙江碧门村为例[J]. 地理研究,2022,41(2):325-340.

④ 王晨野. 生态环境信息图谱:空间分析技术支持下的松嫩平原土地利用变化评价与优化研究[D]. 长春:吉林大学,2009:42.

⑤ 胡最,刘沛林. 中国传统聚落景观基因组图谱特征[J]. 地理学报,2015,70(10):1592-1605.

⑥ 汪洋. 山地人居环境空间信息图谱:理论与实证[D]. 重庆:重庆大学,2012:155-156.

⑦ 陈述彭. 地学信息图谱探索研究[M]. 北京:商务印书馆,2001:12.

生，并在其他研究领域得到拓展，如土地利用①、城市结构②、生态景观③、人居环境④。此外，诸多学者也在各分支学科广泛深入研究实践，如小城镇形态图谱⑤、产业集聚时空图谱⑥、山水格局信息图谱⑦等，进一步完善和发展了空间图谱的理论与方法体系。借用时空图谱的方法来研究电商村产居共生的发展规律，其目标是实现如下功能：① 利用图谱的图形化表达方式，对复杂的产居共生现象进行简洁、直观的表达；② 借助图谱的定量化和模拟分析功能，将多维的产居信息量化整合在二维空间上；③ 比较不同时期的空间图谱特征，分析产居共生的差异规律与研究特征。

（2）时空图谱建构

电商村的现实空间用地情况复杂，产居空间并非由统一规划形成⑧，而是在自发生长过程中相互交融，形态结构自然有机，每个用地单元的形状、大小往往各不相同，不具备运用规则网格切分的可能。为了客观地反映实际情况，时空图谱模型构建步骤如下⑨：

① 实地踏勘调研，根据现场实际情况对已获取的空间资料进行修正，剔除明确不具备产居功能的公共空间单元。② 产居单元确界，以产权地块⑩为空间界定，确定各个产居单元的边界，并增补临时搭建的厂、棚等，删减已拆除的产居单元。③ 产居空间量化，统计与汇总各个产居单元的相应数据，计算各产居单元的共生度［参照式(3-4)，详见附录Ⅱ］。对共生度进行聚类统计分类⑪，用不同的色度来量化表达。④ 引入"单元群"概念，"产居共生"的发生，必须基于"单元群"的尺度范围，即把"共生"限定在一定的空间范围内⑫。引入"群"的概念后，电商村能够显示出多样化的用地类型，充分显示出"产居共生"的特征。⑤ 空间图谱生成，计算产居"单元群"的综合共生度，赋予每块"单元群"分类结果一个色度，可以得出各类型的"单元群"产居空间分布的直观结果。⑥ 时空图谱生成，重复上述方法，得出不同时段下的产居空间图谱，即得到时空图谱(图3.9)，并可依此得出相应的时空规律。虽然时空图谱模型涉及较大的基础工作量，且由于乡村数据调研的现实难度，使得实地调研过程中

① 叶庆华,刘高焕,陆洲,等.基于GIS的时空复合体:土地利用变化图谱模型研究方法[J].地理科学进展,2002(4):349-357.

② 陈菁,罗家添,吴端旺.基于图谱特征的中国典型城市空间结构演变分析[J].地理科学,2011,31(11):1313-1321.

③ 胡最,刘沛林.中国传统聚落景观基因组图谱特征[J].地理学报,2015,70(10):1592-1605.

④ 赵万民,汪洋.山地人居环境信息图谱的理论建构与学术意义[J].城市规划,2014,38(4):9-16.

⑤ 周俊,徐建刚.小城镇信息图谱初探[J].地理科学,2002(3):324-330.

⑥ 史修松.产业集聚空间图谱的定义、内涵和表达方式探讨[J].测绘与空间地理信息,2012,35(12):6-8.

⑦ 陈潘婉洁.江南城市山水形局信息图谱的建构方法[D].南京:东南大学,2018:77-79.

⑧ 邬轶群,王竹,朱晓青,等.低碳乡村的碳图谱建构与时空特征分析:以长三角地区为例[J].南方建筑,2022(1):98-105.

⑨ 邬轶群,王竹,于慧芳,等.乡村"产居一体"的演进机制与空间图谱解析:以浙江碧门村为例[J].地理研究,2022,41(2):325-340.

⑩ 本研究中产权地块主要是指乡村宅基地和村集体建设用地。

⑪ 根据聚类分析结果,将产居单元分为5类:① 高共生单元;② 中高共生单元;③ 中共生单元;④ 中低共生单元;⑤ 低共生单元。

⑫ 许凯,孙彤宇.产业链作用下的小微产业村镇"产、城关联"用地模式探讨:以福建省茶叶加工产业村镇为例[J].城市规划学刊,2014(6):22-29.

问题频现,但是从小微视角切入的图谱式研究,能够更为精准地反映产居共生的自下而上演进特征。

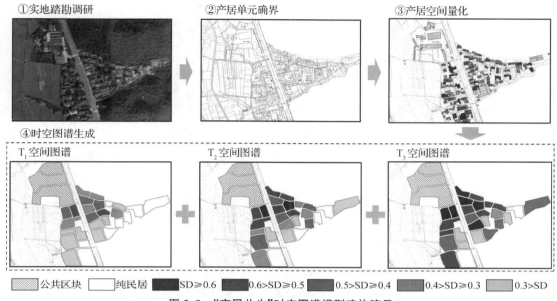

①实地踏勘调研　②产居单元确界　③产居空间量化

④时空图谱生成

T_1空间图谱　　T_2空间图谱　　T_3空间图谱

公共区块　纯民居　SD≥0.6　0.6>SD≥0.5　0.5>SD≥0.4　0.4>SD≥0.3　0.3>SD

图 3.9　"产居共生"时空图谱模型建构演示

(图片来源:作者自绘)

3) 案例选取与数据来源

学界对电商村的种类界定方式不一,学者依照不同的研究视角,分别对电商村的种类开展了相应的分类,笔者对关注度较高的文献进行整理(表 3.7)。在此基础上,研究将浙江电商村主要分为 3 类:① 农贸型电商村[①];② 工贸型电商村[②];③ 商贸型电商村。

表 3.7　现有研究对电商村的分类标准与依据

分类依据	划分类型	相关学者研究
产业基础	(1) 依托原有的农业及相关加工品基础而形成;(2) 依托原有的劳动密集型制造业基础而形成;(3) 毗邻周边专业市场,依托商贸服务业而形成;(4) 模仿周边已成型的电商村而形成	张嘉欣[③]
产业类型	(1) 轻工业+电商;(2) 种植业+电商;(3) 农副产品加工业+电商;(4) 批发零售业+电商	周静[④]

①　蔡晓辉. 淘宝村空间特征研究[D]. 广州:广东工业大学,2018:105 - 110.

②　千庆兰,陈颖彪,刘素娴,等. 淘宝镇的发展特征与形成机制解析:基于广州新塘镇的实证研究[J]. 地理科学,2017,37(7):1040 - 1048.

③　张嘉欣,千庆兰. 信息时代下"淘宝村"的空间转型研究[J]. 城市发展研究,2015,22(10):81 - 84.

④　周静,杨紫悦,高文. 电子商务经济下江苏省淘宝村发展特征及其动力机制分析[J]. 城市发展研究,2017,24(2):9 - 14.

续表

分类依据	划分类型	相关学者研究
区位-产业	(1)城市边缘-工贸型;(2)城市边缘-纯贸易型;(3)城镇近郊-农贸型;(4)城镇近郊-工贸型;(5)城镇近郊-纯贸易型;(6)独立发展-农贸型;(7)独立发展-工贸型	傅哲宁①
发展模式	(1)遂昌模式;(2)沙集模式;(3)清河模式	阿里研究院②
依托关系	(1)城市依托型;(2)乡村内生型	刁贝娣③

(表格来源:根据相关文献整理)

实地踏勘浙江电商村,并以上述分类依据,挑选出 3 个村域面积相近、产居规模相当的典型样本,分别为杭州市临安区昌化镇白牛村、湖州市安吉县灵峰街道碧门村、金华市义乌市江东街道徐村(图 3.10)。

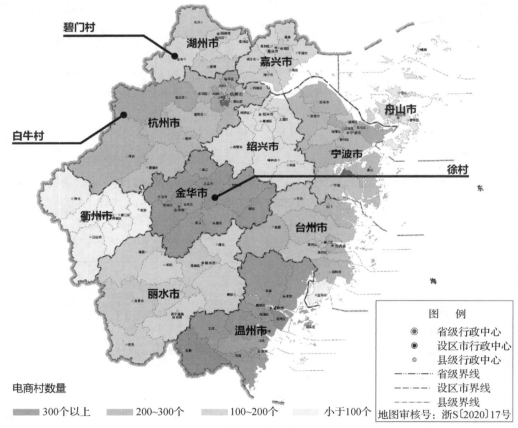

图 3.10　电商村样本遴选与地理位置
(图片来源:基于标准地图改绘)

①　傅哲宁."淘宝村"分类与发展模式研究[D].南京:南京大学,2019:62-63.
②　阿里研究院.中国淘宝村研究报告(2014)[R].2014.
③　刁贝娣,陈昆仑,丁镭,等.中国淘宝村的空间分布格局及其影响因素[J].热带地理,2017,37(1):56-65.

1) 农贸型电商村——杭州市临安区昌化镇白牛村

白牛村(表3.8)处在杭州市临安区昌化镇西侧,现有农户556户,总人口1541人,村域面积5.35 km²。2007年,白牛村一名大学毕业生把"电商"引入该村,通过电商销售山核桃,成功成立了此村第一家电商网店,并在十年时间里,实现了销售额从100万元到3.5亿元的爆发式增长[①]。白牛村也相继在2012年被临安市(现为临安区)评为"年度农产品电子商务贡献奖、示范村";2013年被评为"杭州市电子商务进农村试点村",2013年、2014年,阿里研究中心等授予白牛村为"淘宝村"称号。2019年白牛村网销额达4.5亿元,人均收入30 718元[②],带动村内就业人口400余人,电商相关收入占人均收入的65%以上。

表3.8　杭州市临安区昌化镇白牛村基本信息

编号	信息概况		核心区卫星影像图
A₁	地理区位	杭州市临安区昌化镇	
	主导产业	山核桃加工＋电商	
	人口数量	1541人(556户)	
	人均产值	约3.52万元	
	核心区面积	约1.35 km²	

(表格来源:作者自绘)

2) 工贸型电商村——湖州市安吉县灵峰街道碧门村

碧门村(表3.9)是安吉县连接省城杭州的门户,村域面积10.2 km²,农户505户,总人口1727人。20世纪90年代开始,台商入驻碧门村,坐落于此的礼遥竹制品有限公司生产出全国第一张机制凉席,掀起了以竹制品加工为主的工业化发展。2014年后,碧门村逐渐转型电商产业,工厂和货源都是现成的,这大大降低了经营成本。目前全村经营的电商店铺多达90余个,年产值突破1亿元,淘宝、天猫、亚马逊等各大电商平台都存在"碧门电商"的影子。

表3.9　湖州市安吉县灵峰街道碧门村基本信息

编号	信息概况		核心区卫星影像图
A₂	地理区位	湖州市安吉县灵峰街道	
	主导产业	竹制品加工＋电商	
	人口数量	1727人(505户)	
	人均产值	约3.97万元	
	核心区面积	约1.06 km²	

(表格来源:作者自绘)

① 傅哲宁."淘宝村"分类与发展模式研究[D].南京:南京大学,2019:77-78.
② 漆小涵,谢梦婷.我国"淘宝村"发展现状、问题与建议:基于白牛村的案例分析[J].市场周刊,2019(9):93-94.

3) 商贸型电商村——金华市义乌市江东街道徐村

徐村(表 3.10)处在金华市义乌市江东街道,距义乌中国小商品城 5 km,全村占地 4.25 km²,农户 758 户,总人口 2320 人。2007 年后,金华诞生了"网店第一村"——青岩刘村,并在短短的几年内积累起充足的人气和店铺。然而随着青岩刘村的租金日益升高,竞争愈发激烈,许多电商经营户开始搬离青岩刘村,去往周边邻近的村落发展。与青岩刘村只有 10 min 车程的徐村成为众多出逃电商的选择,他们在这里开始重新经营起电商,并带动了徐村内部分留守村民一同从事电商相关产业。如今,徐村中拥有 100 余家网店,培育出 10 余家金冠店铺,并发展出餐饮、住宿等配套产业。

表 3.10　金华市义乌市江东街道徐村基本信息

编号	信息概况		核心区卫星影像图
A₃	地理区位	金华市义乌市江东街道	
	主导产业	小商品批发＋电商	
	人口数量	2320 人(758 户)	
	人均产值	约 3.06 万元	
	核心区面积	约 0.92 km²	

(表格来源:作者自绘)

2018—2020 年期间通过现场踏勘、半结构式访谈和发放问卷调查(详见附录Ⅰ),外加补充特征人群深度访谈等方法,对 3 个电商村展开深入调研。问卷和访谈主要聚焦于乡村产业发展历程、从业模式变化、产居关联程度等话题,访谈对象覆盖乡村厂企、个体户、村干部、能人、普通村民等各类主体代表。上述现场调查获得的资料和数据是研究观点形成的基础。

3.3.2 "时间-空间-社群"维度评价

为了更直观地表达样本在不同共生维度上的比例关系,故绘制各村的共生度测点三维分布图①。由于等边三角形具有其内部任一点到三边距离之和为定值的性质,某一共生单元在三维度共生度水平的相对关系可以在二维平面内得以表达,于是对各单元 TSD、SSD、ASD 数据进行标准化处理后得到 TSD′、SSD′、ASD′,使得 TSD′＋SSD′＋ASD′＝1。其中,以测点距六边形底边距离代表 ASD′,距左边距离代表 TSD′,距右边距离代表 SSD′,位于区域Ⅰ中的点表示 ASD′＞SSD′＞TSD′,区域Ⅱ、Ⅲ、Ⅳ、Ⅴ、Ⅵ区域可同理类推(表 3.11)。此

---

① 边雪,陈昊宇,曹广忠.基于人口、产业和用地结构关系的城镇化模式类型及演进特征:以长三角地区为例[J].地理研究,2013,32(12):2281 - 2291.

外,对上述三类样本所进行的共生度的分析,不能单纯地体现在绝对值的大小比较上,还应当将各项共生维度形成的箱形图(表 3.12)绘制出来,然后在此基础上进行阈值计算和相关解读,得出产居"时间-空间-社群"维度主要特征。

表 3.11　共生度测点三维分布图

共生点区域	说明	图示
Ⅰ	社群共生度>空间共生度>时间共生度	
Ⅱ	社群共生度>时间共生度>空间共生度	
Ⅲ	时间共生度>社群共生度>空间共生度	
Ⅳ	时间共生度>空间共生度>社群共生度	
Ⅴ	空间共生度>时间共生度>社群共生度	
Ⅵ	空间共生度>社群共生度>时间共生度	

（表格来源:参考相关文献①）

表 3.12　电商村产居"时间-空间-社群"维度共生特征

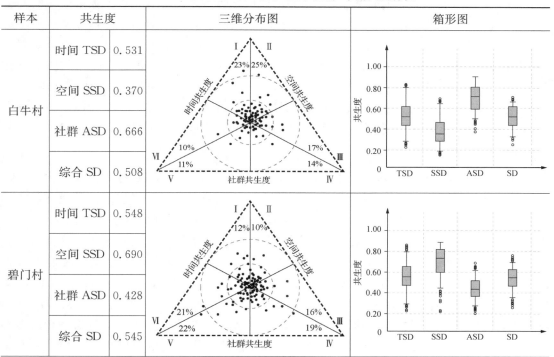

样本	共生度		三维分布图	箱形图
白牛村	时间 TSD	0.531		
	空间 SSD	0.370		
	社群 ASD	0.666		
	综合 SD	0.508		
碧门村	时间 TSD	0.548		
	空间 SSD	0.690		
	社群 ASD	0.428		
	综合 SD	0.545		

① 　边雪,陈昊宇,曹广忠.基于人口、产业和用地结构关系的城镇化模式类型及演进特征:以长三角地区为例[J].地理研究,2013,32(12):2281－2291.

续表

样本	共生度		三维分布图	箱形图
徐村	时间 TSD	0.667	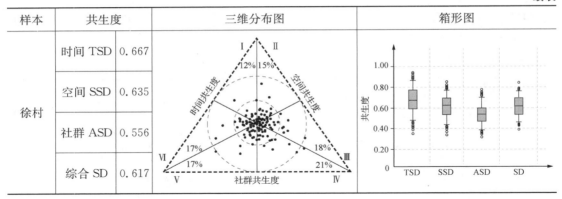	
	空间 SSD	0.635		
	社群 ASD	0.556		
	综合 SD	0.617		

注:详细数据见附录Ⅱ。

1) 时间共生弹性应变

由于电商的相关联产业本身存在一定的淡旺季周期性更替,反映到电商村产居共生的情况也会出现周期性的波动。具体来看,白牛村全年的产居时间共生度随生产淡旺季更替变化最为明显。每年 9 月至次年 3 月,是山核桃的销售旺季,相比于淡季的平均工作时长 6 h 而言,此时的每家经营时长甚至达到了 13 h,足有两倍之多。一些订单数量较多的经营个体,时间共生度可以达到 0.8 甚至更高的峰值。相比而言,根据对竹加工产业链的科学有序分工和配置,碧门村已经基本形成了相对固定的产居时间分配模式。但是为了应对偶发性的"爆款"或"批发式"订单,经营个体也会适当延长工作时间,时间共生度的阈值浮动在 40% 左右。而在徐村,电商经营户生产生活的时长基本趋向稳定,一般工作时间从早上 10～11 点到凌晨 0～1 点,虽然不定期的有"双 11""双 12""618"等活动的举办,会使村中部分个体的时间共生度显著增加,但其总体最为稳定,且时间共生度为三个村最高(0.667)。

2) 空间共生多样组构

发展到现今阶段,电商村出现了明显的人际关系紧张问题,空间资源也出现了相对短缺的问题,此时的产居增长应当符合集约化和多元化的新型组构方式,来实现各种业态下的共生和差异化发展。在白牛村中,电商经营户对于原有的乡村人居空间改造率不高,空间共生度仅为 0.370。订单较多、收入较高的电商经营户,会将更多的生活空间改建成仓储、打包,甚至生产空间,但其他商户则只是会局部改造一小部分空间。从碧门村的共生度测点分布图简单分析可以看出,形态呈现出锥形特征,明显偏向 V 区域,并有向 Ⅵ 区域集中的趋势,由此可以看出工贸型电商村的共生度中,空间维度扮演了主导的角色。随着交易规模的进一步扩大,产业空间和居住空间的冲突越发明显,为了避免因生产所产生的大量噪声和污染影响到日常生活,近七成以上的共生单元均对空间功能进行了明确的分区规划。徐村一方面通过旧村改造,实现了产居功能的进一步拓展,构建出新型的空间载体,另一方面,宽裕的居住面积,为电商产业提供了相对充足的空间资源。数据分析得出,徐村的电商产业面积约为 30～50 m²/户,多为"一台、一室、一仓"(即一台电脑、一间工作室、一个仓库)的空间特性,因此其产居空间共生度的阈值浮动较小。

3）社群共生复杂交融

乡村邻里是一种经复合所形成的集体，兼具"亲缘""地缘"和"业缘"三种关系。例如白牛村中有 96 家从事电商产业的个体户，而在其中父子、兄弟或者亲属共营或搭伙的形式已占到了八成左右。换而言之，白牛村所建立的分工协作模式仍然是以传统的"家元"形式为内核和基础建立的。因此白牛村中产居社群共生度较高（0.666）。在碧门村中，工业生产对于外来工作人口需求较大，外来劳动力与当地居民共同联结，形成以"业缘"为依托的社群纽带。碧门村中从事电商生产及网销的个体共有 123 户，其中超过三分之一的为外来从业人员，村内的产居社群共生度相对较低（Ⅰ、Ⅱ区仅分布了 22% 的测点）。而在徐村中，现有电商总户数已达 141 家，相关从业人数 500 余人，此外还有许多广告、餐饮、零售行业群体。但这其中，大部分村民只是扮演房东的角色，通过出租赚取"房租经济"，村民与电商从业者产居的社群共生程度较弱，其测点分布在Ⅰ和Ⅱ区的较少。

3.3.3 时空图谱格局与演进特征

电商村的产业自身特点（家庭式、低污染、低噪声等）决定了其有别于传统乡村产业的用地需求与特征。自电商村形成开始，产居二元都含有稳定的增长特征。通过对 3 个典型样本的空间图谱进一步探究，发现产居共生的空间模式存在较大差异，反映了产业和人居功能结合的不同状态。

1）产居共生的空间图谱格局

（1）"核域式聚集"空间格局及特征：碧门村竹加工产业发达且呈现"半工业化"[①]的特征，即产业链中部分环节在大型厂房内完成，其余多数环节生产规模小、对大型设备依赖不大，可在家庭工坊中完成，与电商产业的契合度高。据统计，在碧门村含有电商或相关产业的单元有 123 个，占总数的 24.4%。大型生产厂对周边产居单元的发展具有明显的"极化作用"，生产、网销的要素向内集聚形成区域的"增长极"（图 3.11）：① 和春家私、三春压布厂；② 万顺家具、青达竹木刀具、青峰竹制品厂；③ 老篾匠竹艺有限公司；④ 金益木业厂。首先，产居单元的"核域式集聚"能大幅发挥集体的电商资源条件，提高基础配套设施的使用效率，减少流动性损耗；其次，产居单元形成的规模效应，更有利于从业人员与生产资料的短距传递，减少通行交通成本[②]。

① 彭南生. 半工业化：近代中国乡村手工业的发展与社会变迁[M]. 北京：中华书局，2007：12-15.
② 杨兴柱，杨周，朱跃. 世界遗产地乡村聚落功能转型与空间重构：以汤口、寨西和山岔为例[J]. 地理研究，2020，39（10）：2214-2232.

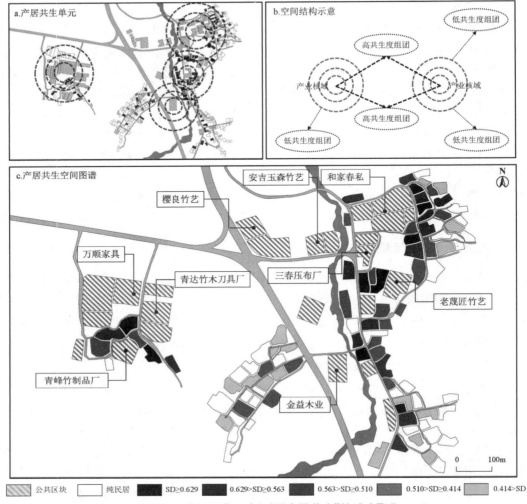

图 3.11   空间图谱—碧门村"产居共生"核域式聚集
(图片来源:作者自绘)

(2)"轴线式延展"空间格局及特征:白牛村的产业与人居功能相对均衡。在调研的白牛村 556 个单元中,含电商或相关产业的有 96 个,约占总数的 17.3%。从图 3.12 来看,白牛村产居单元的空间格局有别于碧门村的"核域式聚集",而是呈现沿交通轴的"轴线式延展",其主要原因在于:① 白牛村的山区地貌,使得电商产业用地扩张只能沿着河谷或道路延伸,不能呈规模化片状扩展;② 白牛村没有大型生产工厂,同时山核桃网商的经营模式相对独立,相互之间协作参与的需求较少;③ 邻近乡村主干道(杭昱线 102 省道),更能提升物流、包装及仓储效率,即成为村内产居单元的优先选择。乡村内部由于通达性较差,沿线的产居单元形成了"阻隔带",在一定程度上阻断了电商产业的进入。产居共生度分布呈现由道路两侧向乡村内部递减的趋势。

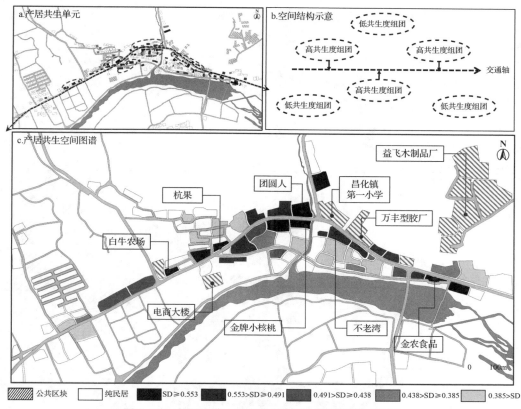

图 3.12　空间图谱——白牛村"产居共生"轴线式延展

（图片来源:作者自绘）

　　(3)"破碎化分异"空间格局及特征:观察图 3.13 可以发现,徐村的产居单元分布没有明显的空间集聚特征,高共生度、低共生度和非产居单元相互混杂,缺乏统一规划和管理,主要呈现耗散型、分异式的"破碎化"空间格局,其主要原因在于:① 徐村的电商经营模式以商贸型为主,产业链分工联系弱,产居单元间的互动与要素流通需求少,未形成明显的空间增长极;② 徐村的电商配套设施分布不均,道路交通也相对较为完善,产居单元在乡村不同空间位置的均好性较强;③ 徐村的用地分布受地形限制小,整体呈现为一个向四周均质扩散的格局。

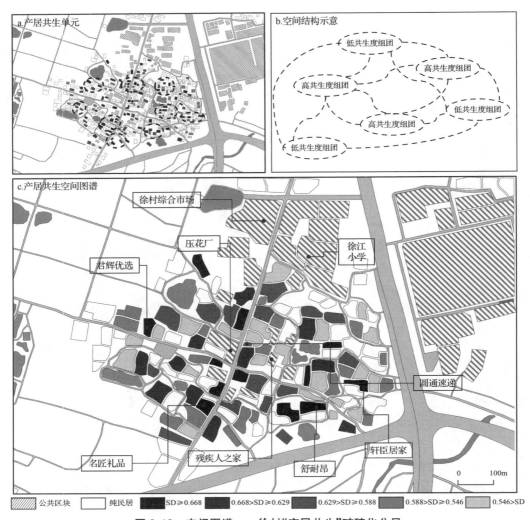

图 3.13   空间图谱——徐村"产居共生"破碎化分异

（图片来源：作者自绘）

2）产居共生的时空图谱演进

电商村所构建的产居共生组团是一种有机体，能够自适应现有的环境。当产居功能在不断增长时，分散的单元个体可以通过"试错"来对原有的组织绩效进行检验并寻求最佳的绩效形式。通过"去劣趋优"达到"优胜劣汰"的目的，同时也形成了一种持续演进的发展机制。在共生、共享和共赢的三大要素原则下[①]，其时空图谱变化规律如下：

（1）向下传递性：电商村的产居共生单元间相互学习是"后发个体"向"先发个体"的自我群化行为。由于共生单元之间的相互影响，电商村发展初期的单元绩效提升，是促成其他个体行为效仿的动力源，尤其是在经济中"先富带后富"存在显著的扩散传递特征。依据"能

---

① 朱晓青.基于混合增长的"产住共同体"演进、机理与建构研究[D].杭州：浙江大学，2011：75-78.

人效应",图3.14表明,白牛村中鼓励先发的党员电商,通过对周边的影响和扩散,引发自下
而上对产居共生的群化效仿行为,形成"1+1+X"的红色服务圈[1名党员干部+1名党员电
商户+X(若干)名普通电商户]。

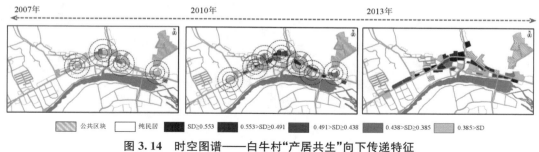

图3.14　时空图谱——白牛村"产居共生"向下传递特征

(图片来源:作者自绘)

(2) 几何级增长性:电商村内效仿行为所影响的单元数量具有几何倍数增长的特点,逐
渐从个体的模仿转为群体的扩散,这使得产居共生方式每经过一次传递,都产生更多的下一
级传播源。以时空线为依据,图3.15中徐村在2014年从事电商的共生组团仅为5个,到了
2017年增至16个,而仅在2020年后这一数字甚至达到62个,约为2014年的12倍,后三年
的扩展速度是前三年的4倍有余。

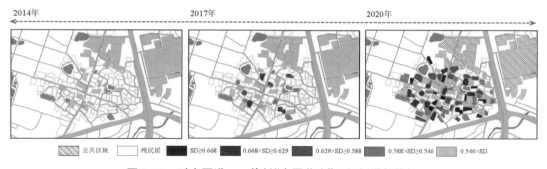

图3.15　时空图谱——徐村"产居共生"几何级增长特征

(图片来源:作者自绘)

(3) 近地蔓延性:与乡村的邻里效应一致,产居要素的传递也遵循邻近原则。电商村产
居共生模式的传播,以原先的共生单元为扩散源,由近向远递推,形成"近地式蔓延",其中公
共性、共享性的资源设施平台是组团集聚的核心。例如图3.16中碧门村的竹制品大型加工
厂,成为产居共生要素的重要传播渠道,从而促使产居共生空间能够连片式布局,不仅便于
管理也能使生产效率提高。除此之外,在乡村社会关系结构上,产业信息和技术的传授也具
有由近及远的扩散特征,从血缘亲属到地缘邻里,最后到业缘伙伴,逐级扩散。

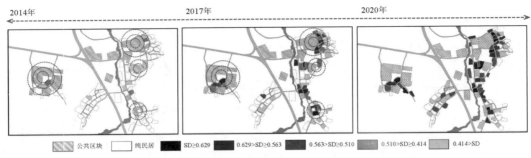

图 3.16   时空图谱——碧门村"产居共生"近地蔓延特征

(图片来源:作者自绘)

3.4   本章小结

本章深入解读了浙江电商村产居要素的演化规律,并将其归纳为四个阶段:① 产居混合的初始生成(依托寄生阶段);② 产居一体的发轫增长(偏惠共生阶段);③ 产居杂糅的膨胀失稳(偏害共生阶段);④ 产居共生的反思转型(互惠共生雏形)。在此基础上,归纳出演进的动力机制:经济产业转型是"先决条件",社会网络效应是"驱动引擎",多元功能空间是"要素载体",政府调控干预是"序化保障"。进而,以农贸型、工贸型、商贸型电商村为实证样本,解析其产居共生维度与空间格局特征,结果表明:时间共生弹性应变,空间共生多样组构,社群共生复杂交融,其空间格局具有"核域式聚集""轴线式延展"与"破碎化分异"的差异类型。

4　认知框架:电商驱动下乡村"产居共生"的体系、空间与机制

电商驱动下的乡村产居共生认知框架包括三个方面内容:一是对电商村的产居共生体系建构,分解产居共生单元、共生界面、共生模式、共生环境,解析四要素的内在特征与相互关系;二是回归共生空间层面,探究产居共生形态的整合、共生结构的布局、共生范式的演化和共生区域的机制;三是挖掘电商村产居"共生属性"机制,分析产居共生体的功能多维、系统演进、集群群化特征。在"体系-空间-机制"三重联合维度的解析下,更加明确并建立对电商驱动下乡村"产居共生"的认知与理解。

4.1　电商村产居"单元-界面-模式-环境"共生体系建构

电商村的产居共生体系可以视作"生命有机体",其构成和普通细胞结构存在相似性(图4.1)。首先,组群的构成依赖于最普通的"共生单元"(细胞器),其个体生产力、居住需要、思想认同维持了体系的存在;其次,单元间的沟通、置换,具备较高开放性的"共生界面"(细胞器膜),界面的开放度决定了产居要素的流通程度;再次,产居单元之间的相互组构方式形成"共生模式"(交互方式),展现出多元化的活力化特点;最后,要素需要根据相应的空间格局、社会资源、物质配套等"共生环境"(细胞质)生存与增长。

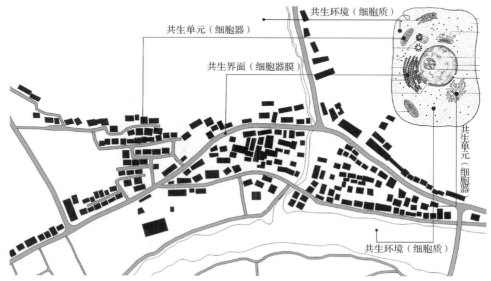

图 4.1　电商村产居共生的"生命有机体"示意图

(图片来源:作者自绘)

4.1.1 单元:核心体"组合"与"分异"

"单元"(Unit)是为了既定的目标,开展清晰的理解和分析而常用的基础概念。不同学科从不同层面开展了更加深入的细分,如地理单元、人居单元等①。"共生单元"是构成共生关系的基本单位,属于共生系统微观要素②。

产居"共生单元"(Symbiosis Unit)是指在特定的地理区域内,依据地理边界所明确的"产业单元"和"人居单元"而组成的综合体系。共生单元是承载乡村产业与人居活动的最小单位,是电商村发展的基本空间基底和载体。每一个单元在一定的集群空间内具有明确的划分,可以实现自我的供给,是自稳定和自优化的有机个体。

产居共生单元包括核心单元、紧密单元、辅助单元、服务单元③。共生单元围绕乡村电商演化出多元化的类型。各个单元之间不但能够相互关联,还能够结合起来组成共生群组(图 4.2),其关联和结合能够展现出规模经济效应,最后产生最优的集体竞争水平④。

(1)电商村内运营策划、销售客服、美工推广、文案编辑、摄影摄像等相关单元,共同组合形成核心产业单元;村宅用房(起居、卧室、厨卫等)以及公共活动空间,组成核心人居单元。

(2)工坊、仓储单元共同结合构成了紧密产业单元,包括生产作坊、厂房仓库、村宅底层仓库等;村宅庭院、工具用房等单元构成紧密人居单元。

(3)辅助产业单元是指为电商产业提供辅料、包装服务以及物流配送等相关单元;辅助人居单元则可提供集会、活动场地等。

(4)服务产业单元是指为电商产业提供服务的协会、融资等相关单元,以及电商线下展厅、信息交易中心、体验展厅单元等⑤;服务人居单元主要包括商服、景观、交通单元。

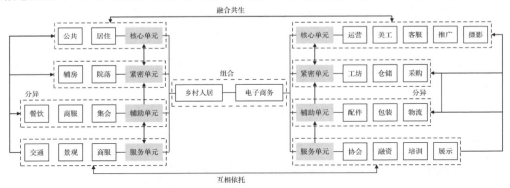

图 4.2 电商村"产居共生单元"的组合与分异

(图片来源:作者自绘)

① 钱振澜,王竹,裘知,等.城乡"安全健康单元"营建体系与应对策略:基于对疫情与灾害"防-适-用"响应机制的思考[J].城市规划,2020,44(3):25-30.

② 唐瑭."共生"视角下乡村聚落空间更新策略研究[D].成都:四川美术学院,2020:35-36.

③ 黎少君,史洋,PETERMANN S.电商人居环境设计与"三生"空间:以城中村淘宝村为例[J].装饰,2020(10):115-119.

④ 郭承龙.农村电子商务模式探析:基于淘宝村的调研[J].经济体制改革,2015(5):110-115.

⑤ 郭承龙.农村电子商务模式探析:基于淘宝村的调研[J].经济体制改革,2015(5):110-115.

4.1.2　界面：中介体"链接"与"承载"

依据生物膜的具体结构，"界面"（Interface）类似于皮肤，存在保护、渗透等多种的功能，能够对有利或是有害的要素开展相应的选择以及离析。"共生界面"（Symbiosis Interface）是共生单元间互相连接以及交流的主要形式，同样也是共生单元间物质、信息、能量传递和交换的媒介或载体，属于共生关系形成和稳定发展的核心内容[①]。产居共生界面是产居共生单元选择性的物质交换、能量交换和信息转移的媒介。界面形式是多维的、复合的、韧性的，包含外部界面和内部界面两种类型，具备一定的抗性和透性[②]（图 4.3）。

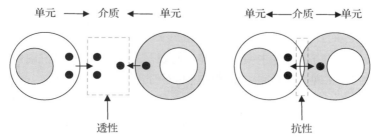

图 4.3　产居"空间共生界面"作用机制

（图片来源：作者自绘）

（1）社群共生界面：乡村原有的以"强关系"（比如血缘、地缘等）为基础的乡村社群界面，与网商经济中以"强关系"（比如合伙人、供应链伙伴或是生意师徒等）为基础的社群共生界面形成了叠合，并在很大程度上推动了前者向后者的转型与升级，从而实现了乡村共同体的社会化转型。乡村社群共生界面，消除了市场信息不对称，实现了网商创业的高性价比介入路径，促进电商创业的熟人扩张。

（2）功能共生界面：电商村的产业链结构完善，分化出的产品制作、包装、展销、仓储、物流、线上销售等产业环节和村宅、职工住宿、乡村商业等相关的人居功能相互维持，所有功能之间"就近联系"或是"共用空间"[③]（表 4.1），形成相互渗透和关联的功能共生界面。在功能共生界面的联系作用下，共生单元既相互遵守用地规律，又使彼此的产居效率得以提升，但也存在某一种共生单元占据绝对优势的现象，从而对另一种的发展产生限制。

①　LAURA S, PAKARINEN S, MELANE M. Industrial symbiosis contributing to more sustainable energy use：An example from the forest industry in Kymenlaakso[J]. Journal of Cleaner Production, 2011,19(4)：285 - 293.

②　王竹，朱晓青，赵秀敏."后温州模式"的江南小城镇底商居住探究[J]. 华中建筑,2005(6)：97 - 99.

③　许凯，孙彤宇. 产业链作用下的小微产业村镇"产、城关联"用地模式探讨：以福建省茶叶加工产业村镇为例[J]. 城市规划学刊,2014(6)：22 - 29.

表 4.1　电商村产业链分工下的"功能共生界面"

功能共生界面	仓储功能界面	物流功能界面	办公功能界面
场景实例			
界面特征	各功能就近联系或者共用空间,形成相互渗透的共生界面		

(表格来源:作者自绘)

（3）空间共生界面:电商村的空间共生界面包括街道、广场、空间节点等,其组织具有多样性特征。① 分散式开放界面:主要存在于自建发展而产生的电商村内,自建模式在不具备边界约束的条件下展现出开放的特征,界面具有分散、不连续的特征,产业与人居的空间组织具有较强的弹性。② 行列式半开放界面:在统一规划后的电商村组团内,外部的空间界面较为规则整齐,具有一定的同质性,内部的空间界面则多为半开放的状态,产居要素之间有特定的空间规划,但不影响相互之间的要素流动。③ 单元式半封闭界面:主要采用的是单元围合布局的形式,共生界面将产居功能划分为"内居外产"的形式,两者高度分离,相对封闭。

4.1.3　模式:共同体"协同"与"博弈"

共生模式属于共生单元互相作用的模式,它和共生界面都是共生体系内的关键性要素。共生单元如何共生主要是由共生的模式所决定,共生模式的确定又和共生单元以及共生环境之间存在紧密的联系①。在电商产业与乡村人居的共生系统中,受环境以及使用主体的不同需求影响,各单元间呈现出不同的产居"共生模式"(Symbiosis Model)。

根据英国学者 Alan Rowley②、中国学者朱晓青③对产居空间组合的划分方法,电商村的产居共生模式现状同样可以归纳为周期性共生、动态性共生、水平性共生、垂直性共生、四个基本维度(表 4.2)。

（1）周期性共生模式:在产居共生单元的萌芽阶段,功能会不断地通过周期性的置换,来应对生产需求的时间差异。在该共生模式中,生产位于从属地位,且没有明确的功能空间和共生界面。电商经济带给从业人员弹性的工作模式,也模糊了工作和生活之间的界限,尤其在销售旺季或是电商活动节等更为明显。

（2）动态性共生模式:在产居共生单元的发展初期,产业与居住功能在空间上已经产生了一定的分区,但其共生模式仍与周期性共生模式有较强的相似性,还存在模糊、易变的特点。产居空间占比随着功能需求的动态变化而灵活调整,两者相互共享,并存在一定的共享"模糊地带"。

---

① 唐瑭."共生"视角下乡村聚落空间更新策略研究[D].成都:四川美术学院,2020:55 - 56.

② ROWLEY A. Planning mixed use development:Issues and practice[M]. RICS,1998:17 - 19.

③ 朱晓青.基于混合增长的"产住共同体"演进、机理与建构研究[D].杭州:浙江大学,2011:163 - 165.

　　（3）水平性共生模式：水平性共生模式具有确定的共生界面，典型如"前产后居"的共生方式，这种布局模式多受传统乡村村宅与院落水平并置的格局影响，多用于庭院空间较大，或是建筑层数为1～2层的共生单元中。

　　（4）垂直性共生模式：垂直产居共生单元范式基本采取"下产上居"或是"下产中店上居"的形制，在电商村中分布最为普遍。该共生模式的界面通常以楼层进行分隔，有利于减避噪声、废弃物、动线的干扰。

表 4.2　电商村"产居共生模式"空间示意

共生模式	周期性共生	动态性共生	水平性共生	垂直性共生
模式示意				
发生时期	萌芽阶段	发展初期	粗放增长	发展成形
共生特征	生产功能居于从属地位，暂时性转换	产居功能比例灵活调整，界面模糊	产居相对分区明确，以侵占土地为代价	产居上下分离，避免噪声、动线干扰

（表格来源：作者自绘）

4.1.4　环境：承载体"孕育"与"支撑"

　　"共生环境"（Symbiosis Environment）属于共生关系产生的外在基础，它属于共生系统的宏观要素。共生环境非常复杂且多元化，它通过多样化的环境要素对共生体系进行作用，并影响着共生单元的共生状态。产居共生环境具体指的是共生单元所在的宏观条件，涵盖了空间以及其中影响产居发展的因素，主要包括了社会条件环境、文化意识环境、弹性政策环境、民本经济环境。

　　（1）社会条件环境。从乡村本身的社会基础来进行具体分析，电商进村改变了传统的乡村生活模式以及生产模式。农业的规模化、现代化发展水平逐渐提升，也使得乡村中出现了许多的"失地农民"以及"农业工人"。这些群体从耕地中完全解放，具备了更多的时间从事电商产业。

　　（2）文化意识环境。乡村的家庭电商经营模式正在逐步取得社会共识。乡村电商发展本质是一种"类工业化"的全民参与过程，实际上与我国在改革开放之初，通过制造加工来实现经济增长的模式较为类似，容易产生一种基于电商经济的"乡村社会共识"。村民对于电商经济下产居共生的意识认同，促进了产居共生模式的不断扩张与演化。

【材料 4-1】

　　青岩刘村之所以可以在互联网电商领域的发展阶段中占据优势地位，主要的原因在于，它所处的位置是义乌市，这里具有非常久远的从商历史，人们的商业头脑比较灵活，所以，该村的村民存在非常浓郁的经商思想（具体包含经商观念、契约关系等），转型从事电商的过渡更为方便。

（3）政府支持环境。政府主导的电商村发展,对产居平衡具有政策导向作用,主要形式为乡村整体规划、控制性规划、专项规划、地方性建设标准、奖惩机制等。政策的作用也在多维度、多层面影响电商村产居共生的发展:① 在基础配套上,提供必要的产业用房和人居配套;② 在经济支持上,以流量引入、补贴等方式,鼓励家庭电商的绩效提升;③ 在管理建设上,对于规则进一步细化,规范建设标准,约束功能混合的良性发展;④ 在社群组织上,联合村民和外来电商企业、投资者的积极互动。

（4）市场经济环境。乡村电商发展初期是一种典型的"供不应求"的卖方市场,乡村"低成本生产"与城镇"高水准消费"之间的匹配,形成了非常宽松的市场经济环境。在这样的大环境之下,村民对于从事电商行业的热情颇高,催生出的乡村产居共生单元如雨后春笋般蓬勃生长,大量爆发。

总而言之,产居共生模式在电商村发展过程中逐渐形成了"单元、界面、模式、环境"的层级递推结构体系。四者之间紧密关联,既有个体与个体、边界与边界、环境与环境尺度的横向联系,又有从微观到宏观的纵向拓展。

4.2 电商村产居空间集成与共生线索

4.2.1 形态"层级性"整合

1）单元——产居共生的基本构成

"单元"是电商村中能够整合产居功能的最小空间单位。① 单元具有较强的功能兼容性,可以用作不同的空间功能载体,不但能与电商生产功能相契合,包括办公功能、生产功能、仓储功能等,又能与居住功能相匹配,包括起居功能、卧室功能、厨卫功能等,还存在一定的辅助功能(储藏功能、洗衣功能、设备功能等)。② 单元具有一定的模数化的特征,通过简单的空间调整与重组,即能实现对新的功能适配①。村宅中的基本单元一般与柱网设定有关,通常为 0.3 m 的倍数。以 3 m×6 m 的柱网单元为例,1 个单元可以作卧室、书房、厨房等,也可以作办公室、直播房等,2 个单元合并则可作客厅、起居室,也可以作产品仓储、生产用房等,更多的单元可以灵活切换组合。

以单元为基本构成的电商村产居共生范式主要有 4 种类型(表 4.3):① 外延共生型,产业单元依靠居住单元延伸产生,表现为产业单元对于居住单元的依附形式,常反映于加建、扩建的形式;② 内嵌共生型,产业单元位于居住单元内,通过对居住单元的局部改造形成;③ 内外共生型,产业单元和居住单元存在密切的联系,外延和内嵌共生模型共同存在,产居单元相互嵌套;④ 并置共生型,产业单元和居住单元相对分离,两者的连通性和交互性较弱,但同样相互之间的干扰也较小。

---

① 朱晓青.基于混合增长的"产住共同体"演进、机理与建构研究[D].杭州:浙江大学,2011:155－156.

表 4.3　电商村"产居共生"单元的共生范式

类型	空间范式示意	基本特点
外延共生型 ▨生产空间 ☐居住空间		生产经营空间依靠居住空间延伸产生
内嵌共生型 ▨生产空间 ☐居住空间		生产经营空间处在居住空间的内部
内外共生型 ▨生产空间 ☐居住空间		生产经营空间依靠居住空间延伸产生，以及内部的"居转产"
并置共生型 ▨生产空间 ☐居住空间		生产经营空间与居住空间相对独立

（表格来源：作者自绘）

2）组群——产居共生的群化扩展

产居共生模式的群化扩展，是由"单元"向"邻里"再向"组群"的发展过程，这是一个连续的、演进的整体性行为。不同层级下所展现出的共生组合方式，具有在空间层面上的同构特征，具体为（表 4.4）：① 单元层面的"相似性"同构，即遵循模数化的建构方式，便于灵活调整组合；② 邻里层面的"效仿式"同构，产居单元通过复制的模式进行扩张与结合形成共生邻里，彼此之间相互效仿，整体的产居共生特征相似；③ 组团层面的"核域性"同构，共生邻里在某一核心区域内集聚形成共生组团，并带来明显的核域影响效应。单元向组群的发展过程，是电商村中个体自发效仿、组织、集结所产生的，是电商村产居共生蓬勃发展活力的直观表现。

表 4.4　电商村"产居共生"的群化扩展

层级	"单元"组构	"邻里"组织	"群化"扩展
模式示意	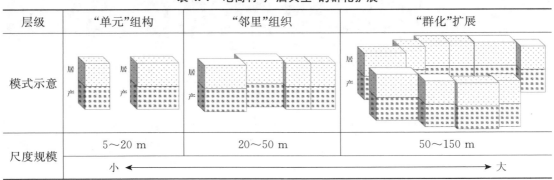		
尺度规模	5～20 m	20～50 m	50～150 m
	小 ←——————————————————————→ 大		

（表格来源：作者自绘）

3）街场——产居共生的界面延展

街道空间像是一种容器，它为各种乡村的生产、生活活动提供场所，而其空间界面的作用更是重要，它可以促进产居活动的相互交互；反之，也可以限制某些产居干扰的发生[①]。不同于自然界的山、水界面，街道是人为营造的场所空间，它为人服务，同样也受人的意识支配。因此，在电商村中的产居行为方式直接决定了街道的功能结构和形态，同样，也决定着其界面的功能结构和形态。区别于实体空间形态，街道和场所属于虚体化的下垫面，其中存在涉及电商产业、乡村生活及其他功能的要素流。从"环境-行为"层面来进行具体分析，电商村的街道层级各异、形态各样，依照行为种类进行细分，街场具体可分为以下 4 种形式：

① 在电商运营过程中产生的产业行为，具体包括物品的静态堆放、动态流动等（图 4.4）。

② 在村民日常生活中开展的交往行为，具体包括村民娱乐、活动等相关的服务（图 4.5）。

③ 在电商经营与生活中产生的交通行为，具体包括街道人流、车流等（图 4.6）。

④ 在一定的区域内停留时所产生的交集，属于人流以及物流的空间聚集，还包括街道车辆的停放（图 4.7）。

图 4.4　电商村街道物品堆放

图 4.5　电商村广场休憩空间

图 4.6　电商村街道人流、车流

图 4.7　电商村街道车辆停放

（图片来源：作者自摄）

街道作为承载电商村产居功能的重要界面延展，通常具有以下两个重要的空间作用：

（1）沿"街"流通，围"场"聚集：街道上汇聚了产、居、通、汇要素流，属于电商村内功能要

---

① 韩勇. 城市街道空间界面研究[D]. 合肥：合肥工业大学，2002：46.

素流动的重要场所。以青岩刘村为例,街道层级网络架构清晰,等级划分明显,人车流量较大的街道也会具有更高的层级、更宽的界面,能够承载更多的要素流动。在人车流交汇、聚集、停留的关键节点则形成了"场",包括村民的活动广场、电商的形象展示广场、货运的集散广场等。

(2) 侵"街"违建,扩"场"自用:属于沿街群众所模仿的侵街之象,实质上源自街道空间的功能承载性所可以创造的空间效益,进而产生了自下而上的侵入和扩建①。例如白牛村的宅间道路保留了传统的肌理,街道宽度多在 3~5 m(图 4.8),生产、生活的物品堆放情况屡见不鲜;再如青岩刘村的沿街店铺紧邻人行道,许多商家会自发将其作为可以随意使用的空间(图 4.9)。这些产居行为虽然提高了电商村的界面效益,但也一定程度上增加了空间管理的困难。

图 4.8　白牛村宅间道路被杂物侵占　　图 4.9　青岩刘村店铺功能外扩

(图片来源:作者自摄)

4.2.2　结构"适应性"布局

1) 耗散式的自组织布局

耗散式的布局是指在电商村形成初期,村民在各自的村宅内自发从事电商产业活动,而导致产居共生单元散布在乡村各处的形式。耗散式的产居共生单元布局缺乏组织性,尚未形成明确的核心集聚区,单元与单元之间的沟通相对不紧密,且容易随着电商产业的发展而自发改变,共生的活力与混杂的现象并存。受电商产业的驱动,共生单元的空间组合通常会具有水平和垂直两种适应性布局模式②。

(1) 空间水平"适应性"布局。在单元的空间组织上,会出现水平适应性布局(图 4.10):① 对家庭电商来说,一般向阳面的空间用于居住和生活,背阴面的空间则用于货物的存储等,南北向的水平布局,实现了电商产业和居住的空间一体化。而对于经营实体店铺的共生单元,水平布局可以最大化实现沿街面的价值,形成展示与形象空间,有利于提升销量,而背街面则可以用于生产、仓储或居住功能;② 对于生产厂坊来说,水平化布局主要采取的形式是对于原有的大空间进行隔断,植入电商办公经营、货物仓储等功能,使其空间组织更为高

①　朱晓青. 基于混合增长的"产住共同体"演进、机理与建构研究[D]. 杭州:浙江大学,2011:166.
②　周晓穗. 电子商务作用下农村社区的变迁初探[D]. 南京:东南大学,2020:74.

效、功能更为集聚。

建筑空间的水平分化

（1）居住建筑——厂居一体　　　　（2）居住建筑——店居一体　　　　（3）工业建筑——产销一体

图 4.10　产居空间的水平"适应性"布局

（图片来源：参考相关文献改绘①）

（2）空间垂直"适应性"布局。采取垂直性的布局形式，更有利于减避产居之间的矛盾，形成相对固定的功能分区：通常在建筑的底部空间上，安排的会是生产、仓储的功能，这有利于产品搬运、快递揽收、集中管理等；在上部空间中则多为电商办公和居住功能，上部的采光、通风，以及防止外界的干扰能力，都相较于底层要好，也更适合相对安静的产居功能需求（图 4.11）。

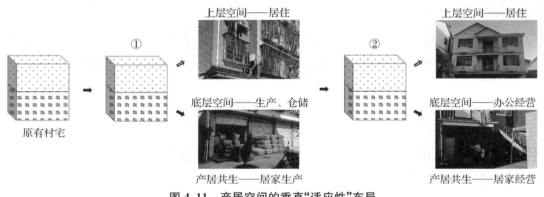

图 4.11　产居空间的垂直"适应性"布局

（图片来源：作者自绘）

2）集约式的他组织布局

当电商村发展至相对较为成熟的阶段，政府、村集体、企业会对产居要素进行整合，建立相对完善的、集中的电商产业空间。集约式的空间布局，可以有效提高产业之间的信息、物质流通，且是一种有组织、有规划的稳定发展模式。例如电商产业街能够营造电商从业氛围，打造良好的对外形象面，电商产业园则可以将电商群体、物流转运站、大型仓储站等汇聚到一体，提升电商产业运营效率。

（1）产居空间"微更新"增长：对于用地规模相对有限的电商村，在原有的空间肌理上寻找可用于建设的区域，"见缝插针"地建设新的电商产业设施，将原有的乡村用地"存量"转化

---

①　周晓穗. 电子商务作用下农村社区的变迁初探[D]. 南京：东南大学，2020：78 - 81.

为"增量"①，其中包括线性式和核心式的空间模式（表 4.5）。线性式的建设方法一般围绕乡村主干道路进行，嵌入在已有的沿街商业、配套"空隙"中，进一步提升乡村道路中心轴的功能；核心式的建设方法一般集中在乡村的中心地带，将电商配套设施功能嵌入到现在的"功能核"中，向周边形成辐射效应，使得中心功能更加凸显（表 4.5）。

表 4.5　电商村产居空间"微更新"增长

集聚模式	乡村原貌	微更新后	案例实证
线性式			
特征	乡村人居沿着道路分布	产业空间在道路两侧植入，同时带动人居空间转型	
核心式			
特征	已有设施分布于集中开放空间一侧	新增设施以已有设施为中心扩散	

（表格来源：作者自绘）

（2）产居空间"块状化"拓展：对于部分发展较为成熟、增长较为快速，且拥有相对充足的发展用地的电商村，更多地会采用"块状化"拓展的建设方式，主要有以下两种形式：① 一字形排列的产业街，产业街多位于电商经营区域的周边，或是主要的交通要道上，产业空间呈一字形排开，根据产业街旁的店铺分布方式可以分为单侧店铺和双侧店铺。产业街对于提升乡村电商产业知名度，激发村民电商从业热情有显著作用。② 整体式集聚的电商产业园，产业园区由于占地规模大，功能相对独立，一般位于乡村较为偏远的区域。电商商户在这里统一办公、经营，形成整体的规模效应，并具有统一的管理形式（表 4.6）。产业园对于孵化品牌电商、吸引更多优质电商入驻作用明显。

（3）产居空间"更新式"营建：为了适应电商产业需要，营造电商氛围，需要将广场、公园等村民日常活动的重要空间节点进行改造。这种"存量更新替换"的建设方式应用场景多，适用范围广，具体包含以下两种方式：① 为了提升乡村电商产业氛围，植入与电商主题相关的装置、小品等（图 4.12）；② 为了展示乡村电商的开展过程、业绩、成果等，设置用于推广的宣传长廊等（图 4.13）。在街道中进行改造更新时，往往会采用"线"性的宣传、展示空间，以供村民能够有完整的游览动线；在广场、公园中进行改造更新时，通常是以"点"或"面"的空间布局，更能形成空间的聚焦点。

① 周晓穗.电子商务作用下农村社区的变迁初探[D].南京：东南大学，2020：85-86.

表 4.6   电商村产居空间"块状化"拓展

拓展模式	区位分布	空间图示	案例
一字形排列产业街	乡村内部 乡村外部	产业街 商服　仓储 转运　生产	羔羊村产业内街 灵栖村产业外街
整体式集聚电商园	乡村外部 乡村边缘	电商产业园 商服　仓储 转运　生产 综合服务	上蒲村产业园 徐村产业园

（表格来源：参考相关文献绘制①）

图 4.12   电商村的宣传小品与标识

---

① 周晓穗. 电子商务作用下农村社区的变迁初探［D］. 南京：东南大学，2020：85－86.

图 4.13 电商村的宣传长廊与宣传栏

(图片来源:作者自摄)

3)"大耗散、小集约"的整体布局

电商村在发展与演进过程中,其产居空间的布局在不断完善,整体呈现出"大耗散、小集约"①的空间格局(图 4.14)。大部分从事电子商务的村民,都是在自己的家中从事电子商务的活动,所以其产居空间布局具有"大耗散"的特点。部分乡村内会集中地建立一些关于电商发展的产业街和产业园区等,布局具有"小集约"的特点。耗散个体的产居比例随主体需求而灵活变化,处于一种动态非稳定的状态。集约组织则更多地依靠村政府、集体的力量进行协调与磨合,形成相对稳定和高效的产居空间模式。

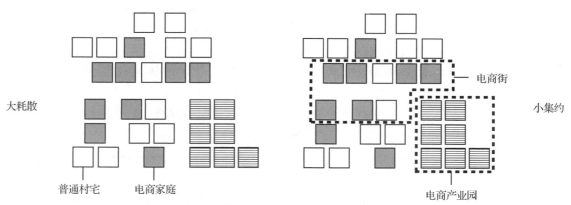

图 4.14 电商村"大耗散、小集约"的产居空间布局示意

(图片来源:作者自绘)

4.2.3 范式"非定性"演化

1)单体共生范式的衍生模式

(1)"功能延续型"共生范式:对乡村传统产居空间延续,多见于电商产业发展相对初期阶段。这个阶段往往以人居功能为主,随着电商产业的增长而适当植入了电商产业功能,在产居空间上的划分也比较模糊。

---

① 周晓穗.电子商务作用下农村社区的变迁初探[D].南京:东南大学,2020:56-58.

（2）"就地转产型"共生范式：基于乡村原有的空间进行改造，村民通过改建、加建形成产居功能的混合，产居空间边界相对明确。这一时期会出现大量"居转产""居并产"的现象，电商产业发展速率也较快。"就地转产型"成为多数电商村产居共生增长的重要载体。

（3）"功能整合型"共生范式：由政府主导自上而下的开发模式，以义乌青岩刘村为样本，功能整合型具有相对明确的空间边界，产居空间区分清晰，且设置了弹性缓冲的界面。有别于前两种模式，功能整合型受到了严格的规划设计约束，形式、空间模式多为同类型复制。（材料 4 - 2）。

【材料 4 - 2】

青岩刘村早在 2005 年就进行了村落改造，将原本散落的村落建筑统一整合，形成了由 200 多幢"上居下租"的 5 层楼房组成的集约空间，最底下 1 层为店铺，局部还有地下室作为仓储空间，为当地的"篁园市场"提供了商铺用房。

三种单体共生范式既相互并存，同时还存在着时间上递进发展的规律。不同类型的单体范式的比例，是辨别电商村产居共生发展阶段的重要特征[1]。从范式演进的阶段性来看，功能延续型、就地转产型是电商村产居共生初期的粗放形态，强调自下而上的改建需求，而整体开发型作为集约模式，则反映电商村产居共生的正规化转型趋向。

2）聚落共生范式的类型化特征

（1）农业＋电商贸易型：农贸型电商村是指以种植农业为基础产业，通过电商网络平台销售本地特色农产品的电商乡村[2]。在政府政策引导或部分村民带领下，依靠电商平合扩大产品销售渠道，使乡村的农产品可远销至全国各地，对于目前农业发展结构的调整和优化、农村产业化的快速发展以及农民收入的整体性提高具有重要意义。

在农贸型电商村中，主要的农事生产工作是在农田、茶田、鱼塘内完成的，从事电商活动的村民居家开展经营活动，所以在乡村的空间上并没有发生明显的改变，主要的变化在于电商空间和居住空间结合在了一起，实现了产居功能在空间上的混合。多数家庭电商邻近农田、茶田、鱼塘，且与电商服务网点的距离也相对较近（图 4.15）。

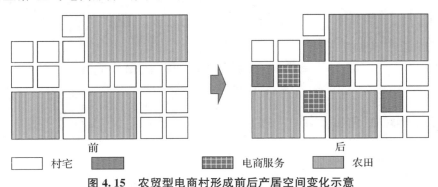

村宅   电商服务   农田

图 4.15   农贸型电商村形成前后产居空间变化示意

（图片来源：作者自绘）

前   后

①   朱晓青. 基于混合增长的"产住共同体"演进、机理与建构研究[D]. 杭州：浙江大学，2011：142 - 143.

②   蔡晓辉. 淘宝村空间特征研究[D]. 广州：广东工业大学，2018：38.

（2）工业＋电商贸易型：工贸型电商村是通过电商平台，以销售乡村作坊与工厂生产的工业品为主的电商乡村。随着经济的快速转型，部分传统工贸型乡村的经营模式已经无法满足发展需求，或者乡村企业的产品数量与质量面临升级与转型。在"互联网＋"的时代背景下，部分工贸型乡村基于电商平台拓宽销售渠道，进而促使乡村工业的升级优化，形成工贸型电商村范式。传统产业基础和市场需求使得工贸型电商村的数量持续增长。

工贸型的电商村往往具有空间的"核域"——生产工厂，围绕生产工厂家庭电商会形成一定规模的集聚，从而有利于生产资料的快速流动。虽然仍有一部分家庭电商分布在相对较远的位置，但总体呈现集中式的空间共生范式（图 4.16）。

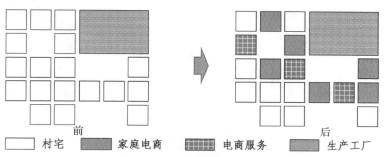

图 4.16　工贸型电商村形成前后产居空间变化示意
（图片来源：作者自绘）

（3）商业＋电商贸易型：商贸型电商村是指基础产业为批发零售业，销售产品主要来源于市场批发与网上进货等渠道的电商乡村[1]。区别于农贸、工贸型电商村，商贸型电商村往往具备以下几个特点：① 本身并不具备生产产品的能力或极少生产产品；② 临近大型供货市场，例如义乌商贸城等；③ 交通便利、物流顺畅，有较多的仓储空间；④ 房屋租金相对较低，"一台电脑＋一条网线"即可开设网店，成本相对较低；⑤ 外来从业人口多，人员构成复杂。纯贸易型电商村往往对人流、物流的需求更大，因此更倾向于向乡村的主、次干道集聚，通过空间置换、改造等，形成"下产上居"的电商产业街或大型的电商产业园（图 4.17）。

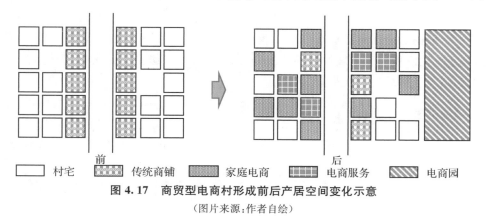

图 4.17　商贸型电商村形成前后产居空间变化示意
（图片来源：作者自绘）

---

① 蔡晓辉. 淘宝村空间特征研究［D］. 广州：广东工业大学，2018：45－46.

4.2.4   区域"流空间"机制

（1）"物流"和"人流"：电商村中除了静态的产居空间外,也存在着动态的人流和物流"流空间"①。产居单元与物流中转站的距离、空间关系决定了物流动线(图 4.18),而产居单元相互之间的距离与空间关系则决定了人流动线。将不同的人流与物流动线相互组合,能够产生不同"流空间"组织形式。"流空间"具有相对不稳定的特征,通过合理组织人流和物流,可以有效地提高"流空间"的秩序与绩效。

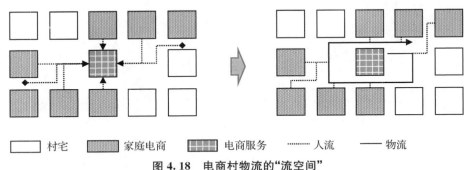

□ 村宅   ▨ 家庭电商   ▦ 电商服务   ········ 人流   —— 物流

图 4.18   电商村物流的"流空间"

(图片来源:作者自绘)

（2）"资本流"和"技术流"：资本流和技术流会对产居单元的空间决策产生影响,可以将其归属于外部条件。通过改变电商村的主体意识,资本流和意识流可以影响产居要素的流向、集聚等,其流向、速度等相关的质性改变会对群体行为形成干预。比如,两者的高强度、快速度流入,会致使盲目跟风问题的出现;而流向的转变或流出,则会使得从事电商产业的村民信心减弱。

4.3   电商村产居共生属性与组合同构机制

产居有机共生的聚落活动,是维系电商村"新陈代谢"的基本条件。在对电商村聚落的研究上,主要依据的是集聚形成和发展的模式。产居共生系统的功能活动、空间结构、要素适应能够充分地体现出基体属性的特点。对于单元内外部的要素变化,组织间建立的规则等,都需要站在可持续的角度来开展分析。

4.3.1   功能的多维度组合

功能混合(Mixed-use Function)是电商村发展与演化的重要特征,并包含了多要素、多目标和多组织的特征②。

（1）要素多维化：由于电商"产业"与乡村"人居"的功能耦合性,相对于传统的乡村人居

---

①   王林申,运迎霞,倪剑波.淘宝村的空间透视:一个基于流空间视角的理论框架[J].城市规划,2017,41(6):27 - 34.

②   朱晓青.基于混合增长的"产住共同体"演进、机理与建构研究[D].杭州:浙江大学,2011:112 - 115.

而言,电商村内具备 2 个及 2 个以上的要素,互相之间产生纽带联系并互相作用。依照第一层级的要素细分,电商村内的功能能够归纳成"产业""居住""辅助"3 类要素的结合。灵活开放的生产性分工、差异分级的生活性分工、高效集约的服务性分工不断融合各种要素,不断复杂化的系统过程,是承载产业和人居运作的基本保障。

(2) 组织多维化:在混合要素的第一层级细分下,次级组织能够平行划分成"产-产""产-居""产-辅""居-居""居-辅"的关系。多维化的产居要素之间,存在着非单一性的组织关系链接(图 4.19):① 混合且相关性,相关要素间相容且互相支持以及推动,是积极的产居共生关系;② 混合而不相关性,相关要素间简单并置而不存在互相影响,是中性的产居共生关系;③ 混合却排斥性,相关要素间互相矛盾但可以共存,是消极的产居共生关系。

(3) 目标多维化:绩效评估不但包括多个要素的单独效益,同时包括要素结合后的整体效益。往往在电商村的产居共生中,个体以及局部发展的目标具备着差异化的特点,单一目标间、单一和整体目标间互相作用,展现为或促进或矛盾或并置的现象。多目标下整体绩效属于正向还是反向,是转变成产居共生后是否能够稳定健康增长的关键。

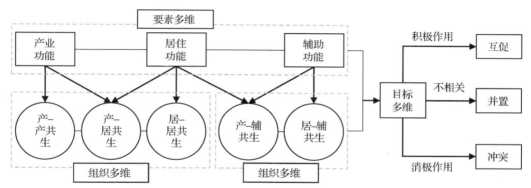

图 4.19 电商村产居共生功能的要素、组织与目标

(图片来源:参考相关文献改绘①)

4.3.2 系统的演进性趋优

(1) 共享性——演进趋优推动力量。共生系统的有机发展,依靠于相关要素在共生单元中的交流以及互动。电商村中产、居独立的活动水平因为区域以及过程区别而产生相应的差异,成为产居要素之间流动的动力,而共享性则成为转化这种动力的保障。共生单元之间相互共享经验、场所、设备、资源等,既实现了产居"量"的集聚,又有利于产居"质"的跃升。

(2) 适应性——演进趋优首要原则。电商村内产生的产居共生体系让共生单元转变成了"适应性主体",就是指主体和外界环境之间的交流阶段中,具备最基本的"刺激-反应"活性模式。而上升到体系这一层级,单元的适应性转变会推动共生系统的演进发展。环境是在不断变化中的,外部的影响能够引导共生单元出现一系列的变化。从而,在不断的发展

---

① 朱晓青. 基于混合增长的"产住共同体"演进、机理与建构研究[D]. 杭州:浙江大学,2011:79-80.

中,逐步实现个体之间的适应增长,进而实现系统持续稳定的发展。

（3）复杂性——演进趋优隐性特征。复杂性的根本,不只是共生单元的空间组成与规模差异,还包括其各个组合的不同形式,以及其演化的类型差异。电商村的产居增长包含了多组织关系、多要素组织、多目标导向,众多要素都并非绝对唯一,而是存在不同程度的复杂交融,此类复杂条件下的均衡和限制,属于演进发展的隐藏秩序。

4.3.3　集群的群体化同构

1）认知性锁定

锁定的正效应在电商村发展的开始阶段最为显著。熟人关系网络下的乡村和城市自主式经营存在较大的差异,乡村信息流通阶段中的链锁效应、效仿效应和激励效应有助于技术的传播以及规模的增长[①]。村民针对电商村内共生发展模式的普遍认同,逐渐产生了思想上的认知锁定,发展共识、集体意志的形成,便于相互之间的交流合作。"从事家庭电商能够赚更多的钱"的认知,已经深入多数村民脑海,即使没有政府引导,村民也会自发经营家庭电商,这是推动产居共生发展的源动力。

2）协作式竞争

产居单元既具有个体的独立性,又形成协作的完整性。产居共生集群经过相互之间的合作和发展,能建立较为明显的竞争优势。以安吉碧门村为例,政府营造了优异的生活环境,提升了乡村的生境品质,并新建了一批新的居住楼房,即是鼓励更多的电商从业者前来创业。与之相对应,以竹制品为主导的电商产业蓬勃发展,既带动了乡村既有工厂的提质与再生,也使得乡村整体的经营性收入显著提升,可以反哺于人居提升。产居共生之间的内部协作,使得外部的竞争力提升,形成良性循环。

3）开放化共享

不同于城市中相对封闭式的区块管理,乡村中开放式的邻里组织,更有助于产居实现广泛的扩散,提高其整体上的收益。而当电商村的产居共生达到一定规模的时候,村内基础设施共享利用和邻里效应得以充分发挥,进而降低了资源耗散和重复建设的成本。以临安白牛村为例,产居共生集群发展,带来了诸多的便利条件:① 电商大楼的建成,使得村内的电商户有了一个统一的对外展销场所;② 杭昱线102省道的开通,既提升了村民的出行效率,又增加了物流的流通速度;③ 部分家庭电商的山核桃加工、包装车间、晾晒庭院空间,共享给其他电商户一同使用,增加了整体的生产效率;④ 旺季时不从事电商业的村民,也会暂时性地到电商户中兼职,提升村民整体的收入水平。

4.4　本章小结

本章试图提出一种有利于系统把握电商驱动与乡村产居共生之间作用机制的认知框

---

① 孙婧雯,马远军,王振波,等. 基于锁定效应的乡村旅游产业振兴路径[J]. 地理科学进展,2020,39(6):1037 - 1046.

架。借鉴"共生理论"中的共生四要素体系,尝试围绕"核心体"(共生单元)、"中介体"(共生界面)、"共同体"(共生模式)以及"承载体"(共生环境)来构建电商村的产居共生认知体系。在探索产居空间集成与共生线索的过程中,归纳出了共生形态"层级性"整合、结构"适应性"布局、范式"非定性"演化、模式的"要素流"动线的特征,并凝练出功能多维组合、系统演进趋优、集群群体同构的产居共生组合同构的共生机制。

5　体系导控：电商驱动下乡村"产居共生"的营建策略与路径

电商村内差异化的社会组织和空间资源利用，会显著影响产居环境的稳步发展。着眼于电商村的演变历程，兼顾电商产业发展和居民生活等多方面需求，有针对性地提出优化方案，不仅能促进乡村产居功能的良性混合，消除产业效率与人居品质的长期矛盾，对于乡村经济的可持续发展、乡村活力和聚居品质的提升具有重要意义。

5.1　电商驱动下的乡村产居共生营建理念

5.1.1　目标：基于现状的反思与可持续增长愿景

目前，电商村现有的开发和管理未形成特有体系，致使产居空间的建设问题长期存在，且很多空间建设都处于灰色地带，皆是政府为了发展电商产业默许或是特批的。这也势必造成了整个电商村呈现出无序和过度开发的现象，特别是在"互联网＋"的冲击下，产居空间缺乏相应的规划和长远的论证，多是出于眼前的需求或考虑，容易出现一系列的建设乱象。而其根源就在于缺乏相应的法规引导，或者即使有相应的法规但在具体的实施过程中也难以有效落实。

现行的乡村土地规划仍然延续传统的功能划分法则（图5.1）。而针对地块所设定的导控指标，也仅仅包含了一些通用性的参数，如容积率、绿化率、车位数、户数等指标。这种低精度的规划程度，在面对电商驱动下的乡村转型时，难免会缺失全面性和针对性。关于产居比例控制、产居类型引导以及产居容量设定等，需要更为科学和明确的导控策略。

虽然国家已经针对电商村颁布了一系列控制性条例，地方法规出现了一些"探索式"的调整，以满足区域发展需求的适应性，例如《义乌市农村电子商务工作实施方案》《临安农村电子商务高质量发展三年行动计划（2019—2021）》等。总体来看，这些新增管理办法大多为"临时性"控制，或是一种仅针对某些突出问题的应对方案，未进行全面的设想和充分的资源整合。根据对浙江电商村产居空间营建规定的统计，其中操作性强的成文条目数量少之又少。

综上所述，构建完善的尤其是具有地方适宜性的电商村产居营建和建设目标，具有以下几个关键点：① 明确电商村产居共生的内涵与核心；② 平衡产居共生的目标与价值导向；③ 提供细化的、可操作的产居共生营建标准、条规或指标；④ 考虑乡村电商发展的循序性、渐进性，兼顾短期、中期、远期的营建策略转变；⑤给出一定的产居共生营建图则，从而提供更具有可操作性的指导内容。

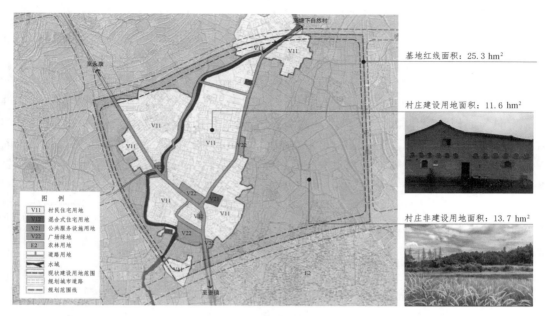

基地红线面积：25.3 hm²

村庄建设用地面积：11.6 hm²

村庄非建设用地面积：13.7 hm²

图 5.1　传统乡村用地规划图
（图片来源：作者自绘）

5.1.2　原则：系统、科学、动态与地域适宜

1）系统性与层次性相结合

电商村产居共生营建导则的设置过程要综合考虑到各方面的因素，反映各个经济、环境、交通、节点、组团、建筑、设施等以及各单元所具备的独有特征，并且能够确保各个子项都能为电商村产居共生提供相应的正面导向作用。同时，还能使得彼此之间形成"1＋1＞2"的累加效应，通过既独立又互相连接的关系，共同组成有机整体，从宏观到微观，由抽象到具体，使结构变得清晰。

2）科学性与可持续发展

在制定营建导则时，要将科学性作为最基本的参照原则，在营建过程中遵循科学性的原则，就需要把控好评价信息的准确性与客观性，还要兼顾到信息的全面性方面，能契合电商村的本质特征和当下问题，同时又能满足建设的要求。可持续发展原则是对人居保护和产业延续的基本要求，使电商村经济在发展的同时，能够保持人居品质不断提升的状态。在两种属性的驱使下，营建体系建立在科学基础上，准确、全面、系统地体现电商村的内涵特征，突出建设目标。

3）动态性与可操作性

营建内容应该能够全面地反映产居空间的同步变化关系，并实现动态与静态结合，确保时间与空间的交叉融合。营建导控过程中，要始终把握可操作性原则，并将其作为一切行为的指导。从电商村的实际情况出发，参考建设管理的客观需要，制定出可供操作和易于确定的细化指标,以确保指标能够贯彻落实到乡村的建设实践中,并将一些在现阶段难以实施或根本无法实施的指标充分过滤掉。

4) 地域性与前瞻性相结合

营建导控机制要充分考虑到电商村在发展过程中存在的各种产业和人居问题,立足乡村的区域特色、充分挖掘地方优势进行设定,将产业发展与人居保护充分结合起来,并在标准制定时与之相匹配和相适应。向不同地域推广时,也要根据现实情况予以适当调整,从而确保当地的经济、文化以及传统能够与之有效融合,还能充分反映出乡村建设发展过程中的差异性,体现出乡村的典型性和代表性特征。电商驱动下的乡村产居空间建设,本就是一项涵盖内容广泛,导向性强且全局性和前瞻性强的综合工程,既涉及对目标的管控,又涉及对过程的控制。因此,要充分结合乡村发展现实,反映出未来的发展趋势,从而更好地确立电商村中产居共生的科学发展方向。

5.1.3　思路:产居平衡引导与评价体系

1) 过渡式引导:产居平衡的他组织引导

设定产居平衡的空间容量与限定,是电商村内产居共生增长的关键。合理的产居配比率与相适应的空间载体,能够使得产居因子迅速生成并完成复制与传播,进而引发"触媒效应"①的重要初始条件②。电商村的"遍地开花",已经成为当下乡村振兴的重要组成部分,稳定的电商产业与乡村人居绩效增长成为核心内容。然而,策略导控的构建与实施不是一蹴而就的,而应根据阶段性的电商村发展特征,引导过渡式的产居共生转型:① 允许符合条件的宅基地进行产居功能的置换与改造;② 通过区块规划,促使产居功能平衡,减少互扰现象;③ 实行产居功能的监察、审核、取缔机制;④ 鼓励产居设施的共建,实现公共资源的最大化利用。总体而言,产居平衡设定重在自上而下的制度设定,以及具体而微的操作条例。

2) 渐进式提质:绩效评价的自组织提质

对于具备自组织力的电商村,采取指标式、考核式的评价体系,同时设立科学具体的绩效目标,具备较强的操作性。与带有较强自上而下特征的政府引导不同,它鼓励以自下而上的村民自发动力为根本。一方面,基于指标评价所建立的考核机制能够起到较强的激励作用,能够将不同形式的产居个体与团体的积极性充分调动起来。另一方面,对评价项进行适当的调整,并对指数进行科学的修正,更易于灵活调整目标,有针对性地适用于电商村的产居功能整合。自上而下的绩效评价重在对于微观尺度的产居单元、组团的提升,不追求一气呵成的改头换面,而是渐进式的品质提升。

总体来看,他组织的过渡式引导与自组织的渐进式提质,具有互补与整合的作用,对乡村电商产居共生发展模式能够实现较大的覆盖性,可以解决管控滞后的问题,有效优化产居共生的营建路径。

---

① 触媒效应:指在事物的变化过程中起到促进或媒介作用的因素所产生的效果。
② 朱晓青.基于混合增长的"产住共同体"演进、机理与建构研究[D].杭州:浙江大学,2011:155-157.

5.2　电商村产居"主体—功能—制度"共同体营建

我国电商村建设目前最突出的问题之一就是存在着大量的"不提前谋划"的重复建设,"不切实际"的高标准建设,以及"治标不治本"的面子工程建设。这种电商村的建设与发展热潮,并非实质意义上的乡村振兴。实践中,产居共生既具有复杂性与多样性特征,使得电商村建设的难度加大,尤其是在电商驱动下乡村产居主体、功能、制度[1]的演化,更具有不确定性。结合前文的演进脉络释因、时空格局解析等,笔者认为产居共生建构矛盾的应对,需要针对性地提出营建策略,以"乡建共同体"来融合多元主体,以"利益功能体"来统筹功能用地布局,以"产居共同体"来实现制度梯度营建。

5.2.1　主体:融合内外的"乡建共同体"组织结构

在对电商村进行规划和实施管理时,如果过度地依赖于政府的权力下沉,就会将村民本质的需求抛弃,为此,应当将上下层级主体充分对接起来,构建一种新型的工作方式,将部分乡村建设与组织划归当地的村委会,再由村委会协调村民来进行自我管理,确保产居共生模式具有更强的弹性。

在现有的户籍制度的约束下,乡村生活"地缘锁定性"特征明显。电商的介入使乡村原有的社会关系发生转变。推动乡村原有的以前置性"强关系"(比如血缘、地缘等)为基础的社会关系与电商经济中以利益性"强关系"(比如合伙人、供应链伙伴或是生意师徒等)为基础的社会关系形成叠合。由此,产居共生的科学导控和精明增长,需要政府管理者、乡贤精英、民众邻里、NGO等多元主体[2],通过全方位思考、多角度分析,实现不同利益取向的科学平衡,而各类主体在电商中的产居构建过程中,要进行科学的组织和有效的搭配,并在不同阶段扮演不同的角色。面对电商村的产居要素构建,各类主体的能动性都应当充分激发出来,围绕电商村的发展特点将自组织与外组织所具备的目标和任务分别予以充分明确,组构内外融合的"乡建共同体"(图5.2)。

(1) 政府职能:行政村是最基层的乡村组织单位,由村民自治委员会(简称"村委会")自治,村委会与乡镇政府不应是行政上的"领导关系"而是"指导关系"[3],要求乡镇在行政事务中为村庄基层组织充分赋权。对电商村产居共生的管理包含促动、管束和支持等职能:先要制订清晰的工作计划,例如产居共生的村域规划、更新计划等,形成一种自上而下的产居功能建设制度,并在此指导下来完成具体的项目开发,并为产居发展提供各类基础设施建设以及相应的配套服务等。

(2) 村民邻里:电商村邻里区别于普通乡村,兼具地缘和业缘的双重特征。其中,存在或大或小的交集社群,而不同的社群利益取向也有所不同,使得整体的利益趋向表现出多元

① 王竹,徐丹华,钱振澜,等.乡村产业与空间的适应性营建策略研究:以遂昌县上下坪村为例[J].南方建筑,2019(1):100-106.

② 王竹,傅嘉言,钱振澜,等.走近"乡建真实"从建造本体走向营建本体[J].时代建筑,2019(1):6-13.

③ 徐丹华.小农现代转型背景下的"韧性乡村"认知框架和营建策略研究[D].杭州:浙江大学,2019:56-58.

化的特征。搭建"双缘"社群之间良好的"对话"网络,使邻里之间在生产和生活过程中都能够获得充分的信息共享以及高效的技艺传播。由于电商的特殊性,邻里之间的信息沟通可以不局限于传统的面对面交流、讨论会形式,而是采用微信群、钉钉等形式进行对产业、人居相关建设决议的讨论与表决。

(3)乡贤精英:乡贤精英既是电商村建设的使用者,在不同的开发阶段分别扮演着策划或者促动者的角色。乡贤精英组成有电商经营者、原住村民和部分公共服务业者的代表,承担着电商村内产居共生营建示范的重要责任,同样也是推广和维护的促动者。通过乡贤去引发示范效应,形成"一传十""十传百"的自下而上传播动力,可以为产居共生的绩效扩散形成助力。

(4)非政府组织:非政府组织(Non-Government Organization,NGO)的创立是以自治为基本前提,是一种自下而上的组织机构,既有正规机构,例如电商行会等,又有非正规机构,例如邻里合作社等。建设 NGO 可以为电商村内产居营建提供监督与协调。

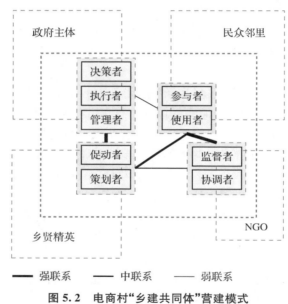

图 5.2　电商村"乡建共同体"营建模式

(图片来源:作者自绘)

5.2.2　功能:有机调节的"利益共同体"用地布局

《村庄规划用地分类指南》至今仍然是乡村规划以及建设控制的主要指导性文件。在《村庄规划用地分类指南》中,首先对乡村用地进行了分类处理得到了三大类、十中类和十九小类(表 5.1)。在整个乡村用地的规划与建设的执行过程中,这一文件的指导意义重大,影响也十分深远,也在一定程度上造成了用地分类的惯性。面对电商驱动的乡村产居功能增长需求和共生营建需求,继续使用《村庄规划用地分类指南》必定会造成更多的矛盾冲突,引发多种难以预料的问题。再加上现行体制具有刚性管束特征,很容易把混合功能的需求引向混乱的发展方向,如何实现产业与人居的"利益共同体",需要用地布局的有机调节策略。

表 5.1　村庄规划用地分类和代码(部分)

类别代码			类别名称	内容
大类	中类	小类		
V			村庄建设用地	村庄各类集体建设用地,包括村民住宅用地、村庄公共服务用地、村庄产业用地、村庄基础设施用地及村庄其他建设用地等
	V1		村民住宅用地	村民住宅及其附属用地
		V11	住宅用地	只用于居住的村民住宅用地
		V12	混合式住宅用地	兼具小卖部、小超市、农家乐等功能的村民住宅用地
	V2		村庄公共服务用地	用于提供基本公共服务的各类集体建设用地,包括公共服务设施用地、公共场地
		V21	村庄公共服务设施用地	包括公共管理、文体、教育、医疗卫生、社会福利、宗教、文物古迹等设施用地以及兽医站、农机站等农业生产服务设施用地
		V22	村庄公共场地	用于村民活动的公共开放空间用地,包括小广场、小绿地等
	V3		村庄产业用地	用于生产经营的各类集体建设用地,包括村庄商业服务业设施用地、村庄生产仓储用地
		V31	村庄商业服务业设施用地	包括小超市、小卖部、小饭馆等配套商业、集贸市场以及村集体用于旅游接待的设施用地等
		V32	村庄生产仓储用地	用于工业生产、物资中转、专业收购和存储的各类集体建设用地,包括手工业、食品加工、仓库、堆场等用地
	V4		村庄基础设施用地	村庄道路、交通和公用设施等用地
		V41	村庄道路用地	村庄内的各类道路用地
		V42	村庄交通设施用地	包括村庄停车场、公交站点等交通设施用地
		V43	村庄公用设施用地	包括村庄给排水、供电、供气、供热和能源等工程设施用地;公厕、垃圾站、粪便和垃圾处理设施等用地;消防、防洪等防灾设施用地
	V9		村庄其他建设用地	未利用及其他需进一步研究的村庄集体建设用地
N			非村庄建设用地	除村庄集体用地之外的建设用地
	N1		对外交通设施用地	包括村庄对外联系道路、过境公路和铁路等交通设施用地
	N2		国有建设用地	包括公共设施用地、特殊用地、采矿用地以及边境口岸、风景名胜区和森林公园的管理和服务设计用地等
E			非建设用地	水域、农林用地及其他非建设用地
	E1		水域	河流、湖泊、水库、坑、沟渠、滩涂、冰川及永久积雪
		E11	自然水域	河流、湖泊、滩涂、冰川及永久积雪
		E12	水库	人工拦截汇集而成具有水利调蓄功能的水库正常蓄水位岸线所围成的水面
		E13	坑塘沟渠	人工开挖或天然形成的坑水面以及人工修建用于引、排、灌的渠道

(表格来源:《村庄规划用地分类指南》①)

　　针对现有用地分类模式,其变革需要实时型的产居功能更新、管束化的产居功能突破和

①　中华人民共和国住房和城乡建设部. 村庄规划用地分类指南[S]. 2014,7.

弹变式的产居功能鼓励,重点包含以下方面:

1）实时型的产居功能更新

现行《村庄规划用地分类指南》于 2014 年颁布,至今已经相距 9 年之久。随着互联网以及电商经济的涌入,使得多样化的新型乡村功能需求如雨后春笋般大量涌现,而原先所设定的用地标准类型与现实的乡村建设对象之间存在着不相适应的问题。尤其在电商经济发达的地区,现代家庭电商的快速化发展,造成了乡村中存在的大量的违建问题,而事实上,这种违建并非凭空而出,其背后有着深刻的历史原因,是产居二元追求绩效最大化的真实反映,同时也是对原有用地分类标准的一种对抗与突破。针对上述情况,一方面,用地分类依据需要针对电商村的不同发展阶段,进行动态的适配和补充;另一方面,应减少规划条例等的时效期限,确保更新频率与电商发展的速率相匹配。

2）管束化的产居功能突破

依据《村庄规划用地分类指南》等 2.1.3 条中规定,"使用本分类时,一般采用中类,也可根据各地区工作性质、工作内容及工作深度的不同要求,采用本分类的全部或部分类别"[1],使得乡村用地具有较强的管束性,尤其是在面对电商驱动下的乡村产居功能存在较大不确定性时,难以做出及时的调整。为此,需要将用地分类体系中所涉及的小类和中类适当放权于乡村地方,由地方政府灵活组织和安排。而对于严格限制的操作地块,则可以充分尊重居住者和经营者的意愿,以一种自下而上的形式进行用地申报,由政府进行审批控制[2]。

3）弹变式的产居功能鼓励

在《村庄规划用地分类指南》中,"V12"是唯一可以同时布置产业和居住功能的用地,表明现有的用地分类标准对当前电商驱动下乡村产居共生模式难以有效适应。因而,需要从两个方面来对电商村产居共生营建进行弹性开发:① 微更新的模式,针对局部的功能用地中增加一些辅助功能,形成"A（主）/B（辅）"的用地模式[3],例如居住/电商办公、居住/仓储、居住/物流快递;② 整体规划的模式,针对电商村中整体地块的开发与改造,可以统一设定地块内产居功能类型与占比,编制新的用地方案,由政府对其进行审批。

5.2.3　制度:精明增长的"产居共同体"梯度营建

现行的乡村建设标准（如《村镇规划标准》等）,对电商村中的产居共生营建存在着体系粗放、无法具体指导操作的问题,而重新设定相应的标准,又往往无据可依,容易与现实情况脱节。较为行之有效的策略可以是在原有的条例框架基础上,补充相适应的产居共生对应条例,具体执行策略可以从整体规划和建筑营建两个层面切入,从而形成"产居共同体"的梯度营建策略。

1）整体层面的导则框架

电商村产居共同体的规划框架指标体系具体包括:① 基础性控制指标,如用地性质、容

① 　中华人民共和国住房和城乡建设部. 村庄规划用地分类指南[S]. 2014,7.
② 　朱晓青. 基于混合增长的"产住共同体"演进、机理与建构研究[D]. 杭州:浙江大学,2011:175 – 176.
③ 　朱晓青. 基于混合增长的"产住共同体"演进、机理与建构研究[D]. 杭州:浙江大学,2011:175 – 176.

积率、建筑密度、绿地率、建筑限高等;② 关键性控制指标,如混合用地、产居共生度、产业业态、产居布局引导、配套设施、产居界面等;③ 附加性控制指标,如乡村风貌、品牌打造、旧有设施改造与再利用等。

表 5.2　电商村"产居共同体"整体规划导则框架

指标类型	指标子项	详细说明	属性
基础性 控制指标	用地性质	用以明确地块的具体功能设定	强制性
	容积率	地块的建设容量限制,防止过度建设	
	建筑密度		
	绿地率	地块内环境容量的控制,确保环境品质	
	建筑限高	地块内建筑高度的限制,防止建筑过高	
关键性 控制指标	混合用地	明确可以用作"产业/居住混合功能"的地块,针对电商产业给予更为宽松的政策	强制性
	地块产居共生度	明确地块内"产业功能/居住功能"比例,设定一个弹性的共生度范围	约束性
	产业业态	规定各个地块内可以经营产业的业态模式	预期性
	产居分布引导	提供地块内产居空间布局的建议性策略,避免产居之间形成干扰	预期性
	配套设施	明确产业与居住功能的配套设施,尤其是电商物流、仓储、培训等基础设施	约束性
	产居界面	对于产业和居住的界面作明确规定,防止噪声、污染或是消防隐患	预期性
附加性 控制指标	乡村风貌保护	保护乡村的固有风貌,延续乡村的文脉,对于电商出租、招工广告统一管理	约束性
	品牌打造提升	明确乡村电商产业品牌的持续打造与提升策略,对重点电商店铺进行政策鼓励	预期性
	旧有设施改造与 再利用	对乡村旧有的设施、建筑进行改造与再利用,盘活存量	预期性

(表格来源:作者自绘)

通过表 5.2 的制度体系建立,可以从规划层面实现电商村产居共生的精确营建导控。从我国电商村的现状发展特征来看,产居共生的程度受电商发展水平以及主导业态类型影响严重,存在着较为明显的差别。在实际操作中,需要根据地域经验和现实规律来进行具体参数的设定,从而确保该指标具有较强的地域适宜性。

2) 营建层面的导则框架

在局部单体营造层面上,我国现行乡村建筑规范体系包括《村镇建筑设计防火规范》《村镇传统住宅设计规范》等专项设计规范,都是针对某一特定功能的乡村建筑。对于产居功能结合的建筑,尚未出台针对性的规范,对于电商村产居共生的建筑营建引导,需要注重产居需求的差异以及相应的行为模式:① 基础性控制指标,如建筑面积、功能、高度、形式和风格等;② 关键性控制指标,如建筑产居共生度、产居空间布局、业态容量、社群比例、停车配比、空间界面等;③ 附加性控制指标,如传统建筑改造、产居单元升级、低碳节能设计等(表5.3)。

表 5.3　电商村"产居共同体"建筑营建导则框架

指标类型	指标子项	详细说明	属性
基础性控制指标	建筑面积	建筑面积的范围规定和控制	强制性
	建筑功能	规定建筑的具体使用功能	
	建筑高度	控制建筑的高度与风格,使之与外部环境相互协调	
	建筑形式、风格		
关键性控制指标	建筑产居共生度	明确建筑"产业功能/居住功能"比例,设定一个弹性的共生度范围	约束性
	产居空间布局	给出建筑内产居功能的空间组织建议,合理引导产居共生的合理布局	约束性
	产居业态容量	明确产业和居住功能的具体空间大小配比	约束性
	产居社群比例	设定产业人群和居住人居的比率,限定单元内产业人数的最大值	预期性
	产居停车配比	根据产业和居住功能配比,设定需要的车位数量	预期性
	产居空间界面	规定建筑内的产业和居住的空间界面,防止噪声、污染或是消防隐患	强制性
附加性控制指标	传统建筑改造	注重对传统建筑的保护与改造,保留乡村中原有的建筑风貌	约束性
	产居单元升级	对目前已经形成产居共生的单元进行升级和改造,提升产业效率和居住品质	预期性
	低碳节能设计	针对建筑进行节能、节地等优化,实现低碳绿色	预期性

(表格来源:作者自绘)

5.3　电商村产居共生体系的营建策略

5.3.1　模式参数化导控

结合 3.3 节的时空格局解析,研究针对电商村产居共生时空图谱的当下特征与问题,提出"小组团协作网络""产居比指标导控""级差性空间秩序"的优化策略,从而使得电商村的产业空间与聚居空间形成良性互动的有机整体,具体措施与路径如下①:

1) 以小组团为单元,建立聚零为整的协作网格

由于电商产居单元在空间联系上存在明显的"邻里效应",使得产居功能会在特定区域

---

① 邬轶群,王竹,于慧芳,等.乡村"产居一体"的演进机制与空间图谱解析:以浙江碧门村为例[J].地理研究,2022,41(2):325-340.

过于集中,电商产业产生的噪声、污染、交通等问题被显著激化;部分区域又过于分散,用地破碎、产业集聚程度不足,造成产居功能以及公共配套的效率低下。分类整合耗散分布的电商产居单元,提高空间利用集约度,建立电商组团协作模块(8～12个产居单元)。"聚零为整"的产居单元在组团内发生互动的概率增加,有利于实现与产居功能的"近距离"联系,并逐步发展成为块状化的产居共生格局。

2)以共生度为核心,建构精明导控的指标体系

研究以产居共生度作为核心导控指标,依据电商村的产居时空图谱实证,建立适宜的产居共生度、地块平衡度等控制指标,"量体裁衣"地应用于农贸类、工贸类、商贸类电商村。此外,制定厂房拆建、家庭电商更新和功能变更的附加指标,可有效避免产居功能的失衡,同时也有利于实现电商村产居共生的精细化导控(图5.3)。

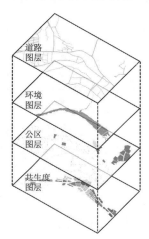
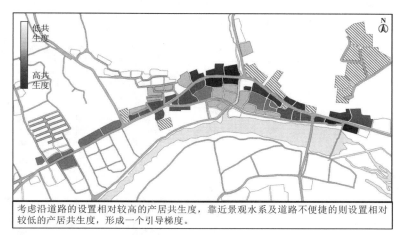

考虑沿道路的设置相对较高的产居共生度,靠近景观水系及道路不便捷的则设置相对较低的产居共生度,形成一个引导梯度。

图5.3   白牛村"产居共生度"实证引导示意

(图片来源:作者自绘)

3)以级差化为秩序,统筹产村融合的协同布局

针对不同的电商产业现状与资源条件,应制定级差化的、因地制宜的产居共生规划,而非行政式的"一刀切"命令。工贸类电商村产业条件优良,在现有的基础上,可整合加工产业,优化"生产厂房"+"家庭电商"的产居共生合作模式;商贸类电商村具有交通优势,适宜开发物流、包装、商业服务等小型化、无污染、灵活开放的家庭电商模式,并增设乡村服务设施,兼顾产业与生活配套;农贸类电商村自然环境风貌最优,应延续现有的景观脉络格局,最小化工业元素,集中规整电商产业空间,并适度通过电商宣传,开发休闲农业、生态旅居等第三产业。

5.3.2 环境品质化提升

电商产业的迅猛发展,必定衍生出巨大的产业用地需求,而此时对村庄进行整体的规划就需要统筹考虑到增量用地与存量用地两者之间的配比,并进行合理配置,以实现产居空间的合理优化和有效提升。结合4.2.2节的具体分析,在电商村内进行用地规划和建设时,一

定要根据产居规模进行合理配置,设定相应的居住和产业用地指标。与此同时,电商产业对物流的要求较高,不仅需要配备层级完备的物流站点,还需要建设相应的交通设施,做好最初、最后 1 km 的服务工作。将仓储中心建立在电商单元聚集区域附近,从而能够更加高效及时地处理各种电商订单。引入电商服务站,扩大电商服务站的影响范围,提供线下体验推广、线上下单支付、网订店取、便民生活、代买代卖、ATM 取款机、文印、基础通信设备销售以及免费 Wi-Fi 等服务功能(表 5.4)。

为了在电商村内营造出良好的创业和生活环境,在规划时既要尊重原有的乡村格局,又要考虑到空间治理和环境美化问题。通过整治道路增加电商、物流、人流的流通性。将一些濒危的旧建筑进行拆除处理,腾出空间用作电商、物流、仓储空间。同时,还要在建设过程中消除各种安全隐患,加强对生活污水的治理,美化居住环境的空间景观,为电商村的居民营造出怡人的居住空间,为电商从业者提供适宜长期居住的大环境,从而建造出一个集生产生活于一体的电商示范村(图 5.4)。

表 5.4   电商村产居服务设施配置参考

类别	具体设施	电商村	一般乡村
行政管理设施	村民委员会	●	●
	电商行会	●	—
	智慧管理中心	●	—
电商服务设施	电商服务站	●	—
	电商培训中心	●	—
	电商展示体验中心	●	—
	货物仓储区、邮寄区	●	○
	电商村招牌	●	—
	电商直播基地	●	—
商业设施	日用百货店	○	○
	银行、信用社	○	○
	农贸市场	○	○
	房屋租赁布告栏	●	—
	餐饮店、奶茶店等	●	○
市政设施	垃圾转运站	●	○
	网络设施基站	●	○
	污水处理站	○	○
	中、小型停车场	●	○

续表

类别	具体设施	电商村	一般乡村
教育设施	小学、中学	○	—
	幼儿园、托儿所	●	○
文娱设施	文化站	○	●
	广场、绿化	●	●
	棋牌室	○	○
医疗设施	卫生服务站	●	○

(表格来源:作者自绘)

(注:●表示必须配置设施,○表示可酌情配置设施,—表示无须配置或酌情可共享配置)

改造前   改造后

图 5.4   电商村空间环境改造与提升

(图片来源:作者自绘)

5.3.3   界面规范化组织

在产居共生的目标要求下,应当建立起一个具有多层次结构特征的共生性界面,这也是电商村区别于普通乡村的重要标识。在现实中,既要确保电商的生产效率,又要保证居民的生活品质,就必须要妥善解决空间结合所造成的矛盾以实现产业发展与居住安全的综合平衡。产居功能矛盾的消解,有赖于过渡界面的存在为其提供足够的缓冲空间,具体措施为以下几个层面:

(1)打造密质化的交互界面。乡村电商经营主体多以"户"为单位,这与传统乡村产业的经营模式不同,也必然对电商产业的交互界面有更高要求,即尽量确保每户都能与物流、人流有一个良好的交互界面。因此,在构建电商村的产居界面时,要尽量实现密质化、网络化的肌理,空间尺度可以控制在恰当的范围内(25~40 m),从而使得产居单元与道路、邻里等有充分的界面进行信息共享和要素流动。

(2)营建差异化的内外界面。共生单元内的产居功能往往会存在相互干扰,因此在对内部界面进行设置时,可以通过半封闭的界面阻隔来保障居住者的私密性与安全性。对单元外部的界面进行设置时,则需要充分考虑到共生行为特征,加宽道路,提供双侧停车,实现界面升级。如此一来,既能达到对外沿街开放,又能达到对内满足私密的要求,确保共生单元所构建的界面体满足内外差异化的需求。

（3）设立规范化的识别界面。在电商村内，注重电商产业的发展，创建各种形式的电商产业园或物流园，提供充裕的电商办公空间，加强宅基地和自建房的整治，既要对原先的建筑、街道所构建的连续界面进行有序改造，还要释放出足够的街巷空间提供给原住民，以确保电商与村落生态之间的有效融入和共存互补。在一些规模适中的电商村中，可以将快递收发界面进行固定化安置，通过标志性的分层来达到人行、交通与物流交通双界面的有效分隔，确保产业发展不会影响到居住环境。在对路网进行规划时，还要充分考虑到物流的集散特征、电商的商流特性等，形成电商村内的界面识别性。

5.3.4　单元动态化应变

1）空间的弹变适应性体系

电商村的产居共生单元内部功能转化与更替频繁，存在着多种维度的空间博弈关系，主要包括：① 不同电商经营户时间性的扩张与紧缩；② 电商产业与居住空间之间的相互侵占与退让；③ 交通空间的合用重叠，公共空间还会与过渡空间彼此渗透交融；④ 电商的设施以及仓储空间存在着一定的再利用和改造的情形。原本功能明确的乡村建筑空间在产居共生的模式下，体现出多变性、周期性等明显特征。

为促使产居共生单元具有较强的功能适用性，需要建立空间的弹变适应性体系。一方面，原有的家庭电商共生单元，可以通过合理的结构体系设计来优化内部空间，并且通过增减可活动的墙体、楼板等，来实现应对不同功能需求的空间组合。另一方面，对新建的产居共生单元，需要确定建造的空间基本模数，提供"菜单式"的空间组合建议，更有利于共生单元的规范化和组织化。通用的单位模数更适于空间功能的灵活调整，同时也能使产居共生单元的营建经验更具有可操作性和推广性。

2）虚体与实体的系统应变

随着电商村内单元的产居交杂程度日益增加，仅仅依靠简单的空间划分已无法解决产居要素之间日益加剧的矛盾问题。为此，需要在原有的空间设计上进行一定的优化，以此来化解产居矛盾，具体的应对策略如下：

① "虚体"的环境渗透。将"虚体"植入产居单元内，形成产居空间之间的过渡要素，来满足建筑的采光和通风需求，反映在具体形式上，"虚体"可以是院落、中庭、天井空间等。合理的"虚体"植入可以使得产居空间与外界有更多的接触面，能够获取更好的采光日照与通风条件，从而形成产居单元与外界环境之间的良性共生关系，提高产居空间的品质。

② "实体"的要素阻隔。区别于"虚体"的渗透性，"实体"则是起到阻隔要素的作用。电商办公、仓储生产、物流包装等都会对居住空间产生噪声干扰、垃圾污染、视线影响，甚至产生消防安全隐患。设置隔音吸声腔体，可以有效地降低电商产业对居住的噪声影响；明确产、居的各自防火空间边界，在边界处设置阻燃装置，有效降低消防隐患；视线交叉的产居空间之间增设"实体"，例如绿植景观、格栅屏风等，可增加居住空间的私密性。

5.4　电商村产居共生空间的营建方法与实施路径

电商村的产居共生空间营建包含多种内容,其中主要优化路径包括:基底规划、节点转换、通廊疏理、组团调节、单元营建[①]等,从而构建产居共生的电商村聚落,其具体的营建方法详细如下面所述。

5.4.1　基底规划调控与弹性开发

1)空间形态的有机调控

对电商村进行整体空间的布局和形态的调控,可以实现产居功能的优化和交通网络的完善。为产居共生提供一个良好的共生环境,有助于实现人居环境与产业环境系统的有效平衡,也能够提升产居共生效率,解决就业问题,降低通勤能耗。在对空间形态进行规划时,要以"疏导"和"调整"为基础,以"优化"和"提高"为目的,逐渐使得空间形态朝着明晰化和差异化的特征发展。例如,针对不同类型的电商村也有相应的空间形态调节机制:在工贸型的电商村中引导工业生产集聚;在农贸型的电商村中鼓励产居空间与环境的"原乡式"共存。

不管主导的产业类型、选择的发展模式如何,对空间形态的调控都要确保留足空间,甚至能够创造空间[②]。尤其对于有潜力持续扩张的电商村而言更是如此,要让产居空间形态具有一定的弹性增量。同时,还要建立起产业与居住之间的连接纽带,避免规划的空间模式过于单一。而改造型电商村强调组织空间,需要突破原先的空间形态的限制,确保构建的整体空间具有较高的品质。通过路网规划、地块组织、配套设置、基底生成的规划路径(图5.5),完善乡村产居共生系统,同时还要科学地控制产居区域的建设形态风貌,维持整体的协调性,达到较高层次的平衡状态。

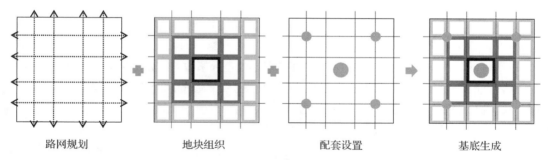

路网规划　　　　　地块组织　　　　　配套设置　　　　　基底生成

图5.5　乡村基底空间的有机规划

(图片来源:作者自绘)

2)土地开发的弹性导控

以较小的代价实现电商村土地的弹性转用,在进行乡村规划时,要遵循"存量留用"的原

①　石斌.城乡融合型村镇社区低碳营建体系研究[D].杭州:浙江工业大学,2020:77-78.
②　毛刚.生态视野·西南高海拔山区聚落与建筑[M].南京:东南大学出版社,2003:45-47.

则,也就是在进行留用地的规划时要充分考虑到土地使用权主体所面临的土地使用现状。将区位优势较好但经营状况不佳的集体建设用地统一收归划作流动地,对这种土地类型的建设予以适当的限制,通过留用地整理作为电商村未来发展的产业建设或居住用地。这样一来,便能够确保电商村具有足够的空间来对产居关系进行有效的协调和平衡①,更有利于实现产居共生。

5.4.2　节点功能转换与配套提升

1）公共空间的功能转换

电商村的公共空间设计一般会包含点状、线状以及面状等多种具体形态,在设计时侧重于将各形态的公共空间与产居行为需求充分结合。点状公共空间包括形象展示、导览以及景观小品等,通过改造与优化设计,可以营造浓郁的电商产业环境,满足村民休憩、交流,或者从事一些必要的电商经营活动等需求;对类似于电商展廊和生态绿道等形式的线性公共空间,需将碎片化的空间要素进行串联处理,建立形成完整的线性参观或者游览路线;对于电商村内具有规模性、集聚性的空间场所,转变其功能属性,由普通的村民服务广场转向电商产业与日常活动兼容的场所,并适当添加与当地电商产业相关的空间元素。

2）公共设施的同步提质

在对电商村产居进行整体规划时,还要充分考虑到公共服务设施的规划与布置,保证其可以充分服务于电商产业的发展与乡村人居品质的提升。作为电商村产居功能的配套与支持,需按照特定的需求来因地制宜地设定公共服务设施的内容。与此同时,还要充分考虑到服务半径的问题,从而提供服务的便捷性、有效性。在"互联网+"的带动下,更应采取智能化管理系统,对电商村中的产居行为进行实时监管与控制,提供精准的"软服务"。

5.4.3　通廊层级梳理与精准布局

1）路网形态的层级组织

电商村的路网形态组织应在原有的道路基础上进行拓改,以实现交通网络的通达性和层次性,并能够与外界交通保持密切联系。首先对现有交通的问题进行梳理(图5.6),对当前存在的各种诸如连通性差、格局混乱、层级性弱等问题进行明确,并针对性地提出相对应的优化策略,从而提升产居单元的道路可达性,确保人流、客流、物流等的有序流动。其次要构建出层级的空间形态,明确主干道、次干道,分隔出街巷空间,以及相对应的交通载体,进而实现产居要素的高效传导与共享。

2）公交体系的精准设立

公共交通体系的完善程度是影响村民产居行为的重要因素之一,其体系的精准设立也是助推电商村产居共生的有效途径。电商村内满足村民日常活动需要的公共交通,主要解决

① 王竹,孙佩文,钱振澜,等.乡村土地利用的多元主体"利益制衡"机制及实践[J].规划师,2019,35(11):11-17,23.

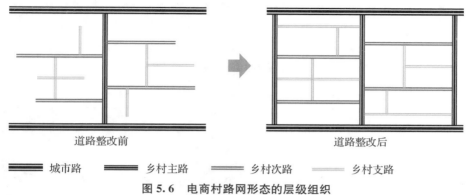

道路整改前　　　　　　　　　　　　　道路整改后

■■■ 城市路　　　■■■ 乡村主路　　　—— 乡村次路　　　—— 乡村支路

图 5.6　电商村路网形态的层级组织
(图片来源:作者自绘)

村民外出工作、上学、购物、看病等需求,从而满足电商从业者的公共交通需要,解决外出采购、货物运送等问题。依据村内产居功能的切实需求,将两者进行耦合,从而设定合理的公共交通体系。其中,在规划层级需要明确合理布置站点,满足其在步行距离范围内需求。根据研究表明,到达站点合理的步行时间约为 $7\sim10$ min,正常人平均步行速度约在 $0.9\sim1.2$ m/s,因此公交站点的辐射范围为 $380\sim720$ m(图 5.7)。

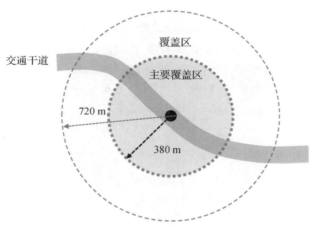

图 5.7　电商村公交体系的服务半径
(图片来源:作者自绘)

5.4.4　组团有机调节与灵活设置

1) 组团布局的形态比选

电商产居组团布局的方式多元,构建出形态各异的空间结构,其中尤以行列式、合院式和点群式为最①(表 5.5)。行列式的空间结构具有形态单一和功能固化的特征,产居空间内部都是通过复制的形式实现建筑空间布局。而点群式的空间形态最为分散,都以散点的形

---

① 石斌. 城乡融合型村镇社区低碳营建体系研究[D]. 杭州:浙江工业大学,2020:152-155.

式存在,因此独立性较强,难以进行有效的整体集聚,彼此之间的单元联系较弱,容易造成基础设施的使用效率低下。而合院式的布局形式则充分考虑到点群式和行列式的不足之处,呈现出较强的集聚性的形态,在设置配套设施时也会相对简单。因此,不同的空间布局形态的优劣和适用条件各不相同,不能盲目套用,要以现实情形为依据进行科学选择。

表 5.5 电商村组团布局的空间形态与特征比对

	点群式	行列式	合院式
空间图示			
空间特点	形态分散,独立性强,聚集性弱	空间形态单一,缺乏灵活可变性	有较强的集聚性,又有一定的邻里中心

(表格来源:作者自绘)

2)间距朝向的最优设置

组团合理的建筑布局与间距控制能大大提升电商产业经营效率,提高人居品质和舒适度。首先,为了保证充足的日照和采光需求,共生单元一般会选择南北向布置,在功能布局时,尽可能地将居住空间置于产业空间的南侧。其次,要控制好组团类建筑的空间间距,确保其不会影响到土地的利用效率,破坏经营效率,也不能影响到通风和日照效果,以确保与居住品质两者相互制衡。举例来看,较高密度的组团布局可以明显缩短各电商产业链之间的距离,但是一定程度上却造成了噪声干扰、日照遮挡。因此,需要形成紧凑而又舒适,既集中又分散的均衡空间形态。

3)面积规模的灵活调配

在电商村的组团形态中,相对匀质且均衡的单元构成,更能形成组团的整体绩效价值。在《浙江省农村宅基地管理方法》中每家每户的宅基地拥有数量唯一,且其占用耕地面积不得超过 125 m²,占用其他土地最高不得超过 140 m²。而电商产业需要的办公空间、仓储空间、打包物流空间都会占据宅基地的空间。因此在电商产居共生组团营建中,需要合理规划组团内的宅基地功能分配,依据每家每户的电商产业发展状况和现实需求灵活调配,从而在确保电商产业有足够空间的同时,也不会突破 140 m² 的红线标准。

5.4.5 单元规范营建与导控指标

1)平剖面的参数设定

(1)平面形态:单体平面的面宽进深直接影响了内部空间的功能使用与舒适度。纯居住功能空间进深宜控制在 4.2～4.8 m 之间,要考虑到日常居住采光以及通风的日常需求;电商办公空间的面宽与进深的比值宜控制在 1∶1.5～1∶2 之间,在设置单向自然通风时,进深宜小于或等于 8 m,双向自然通风时,进深宜小于或等于 12 m;仓储空间则要求平面形式尽量简洁且规整;加工工坊空间也应尽量规整且具有一定的规模。

(2)剖面形态:单体剖面的设置对于产居空间的功能使用也具有一定的影响。纯居住功能空间层高宜控制在2.9~3.6 m之间,既能够节省造价,也可以提供相对舒适的生活环境;电商办公空间的层高则可以根据整个空间面积的大小适当增加或减少,也可以设置通高空间或者夹层空间来临时存放货物等;仓储空间则可利用底层的地下室或半地下室空间,或者顶层的夹层空间等,对于剖面的要求相对较小。

(3)通风窗口:开窗大小会影响到通风效果和日照效果。居住功能的窗墙比宜设置在0.3~0.4之间,以保证充足的采光需求,同时也可兼顾保温隔热;电商办公空间的窗墙比范围可以相对幅度大一点,条件允许的话大面积的玻璃窗可营造更良好的办公环境,反之则是有能满足日常通风需要的窗户即可;仓储空间由于要保护货物不受阳光直射,并且处于阴凉环境,因此仅需要满足通风的窗户,窗墙比控制在0.1~0.2。

2)立面风貌的导则控制

电商村建筑立面常存在着缺乏整体规划设计、风貌单调乏味、材料老旧脱落、装饰缺乏美感秩序等问题。在立面风貌的设计上,应该规定统一的风格、材料、配色等,不能任由每个产居单元"百花齐放"地建设立面;在底层空间,鼓励以玻璃材质为主要立面材料,打造更具有通透性的立面形式,更能将电商经营、直播活动的氛围传递到外部空间,并统一划定店招店牌的摆放位置,打造氛围化、有序性的产居共生空间环境;在上层空间,则主要是整治与优化,拆除违章违建,统一立面风格,增加绿化点缀,形成品质较好的立面风貌。

3)装配式建造的接轨试验

与飞速发展的装配技术接轨,在特色化理念的指导下,在工业化以及模块化的基础之上,构建出一套"模块包"来满足电商村的营建需求,并在实际的建设过程中,根据不同的需求进行分类处置,制定与之相适应的可供选择的定制化建造"菜单"(表5.6)。通过使用装配式建造,既可以提高电商村中产居共生的增长与扩张效率,也可以规范各个产居单元中的产业与居住的行为模式,避免违章搭建等情况发生。同时,装配式建造也提供给不同的电商村主体以更多的选择空间,使其能够更为准确地根据自身需求确定所需空间。

表5.6 单元装配建造菜单图示

菜单图示			
单元模块预设	室内-居住空间	室内-产业空间	庭院-产居空间
	卧室	电商办公	庭院工坊

菜单图示		
室内-居住空间	室内-产业空间	庭院-产居空间
单元模块预设		

	室内-居住空间	室内-产业空间	庭院-产居空间
单元模块预设	 餐厅＋厨房	 仓储＋物流	 生活庭院
	 起居室	 对外商铺	 生活庭院＋工坊

（表格来源：作者自绘）

5.5　本章小结

　　本章首先明确了电商驱动下乡村产居共生的营建目标、原则与思路，进而分别从主体、功能、制度三个层面探讨了内外融合的"乡建共同体"、有机调节的"利益共同体"、精明增长的"产居共同体"营建模式。其次在具体的规划设计上，围绕模式参数化导控、环境品质化提升、界面规范化组织、单元动态化应变四个方面，提炼了电商村产居共生体系的具体营建策略。最后分别从基底规划调控与弹性开发、节点功能转换与配套提升、通廊层级梳理与精准布局、组团的类型化适应、单元的规范化营建五个层面，探讨具体而微的营建路径与方法，以期形成经验性的总结。

6 案例实证:浙江缙云县北山村"产居共生" 空间格局与营建策略

6.1 背景与目标

6.1.1 研究背景

1)基本信息

北山村位于缙云县的东北部,隶属壶镇区,与上王村相邻,距离壶镇中心 2.5 km(图 6.1),它由下宅、上宅和塘下三个自然村及其周边的山林、农田、水域组成,目前居住 832 户人家,共计 2162 人。村庄建设用地 13.2 hm²,人均建设用地面积约 61 m²/人。北山村北靠群山,南面农田,总体地势北高南低,主要地貌类型为低山、丘陵。

图 6.1 北山村地理区位

(图片来源:作者自绘)

2)电商发展背景

北山村所处环境偏远,经济水平低下,但是在北山狼户外用品有限公司的带动之下,摇身一变成为全国首批 14 个淘宝村之一、丽水市第一批电子商务示范村之一。北山村开始接触电商以后发生了翻天覆地的变化。从 2006 年至今,十余年时间北山村的电商水平飞速提高(图 6.2),销售额直线上涨,北山村整体容貌焕然一新,成为远近闻名的电商村。省内外专家学者纷纷将目光投向于此,时常有交流考察活动在这里进行。社科院汪向东将北山村的乡村电子商务概括为"北山模式"。迄今为止,该模式受到中央电视台的播报,并且有超过

100 家媒体进行相关新闻报道,而北山村也逐渐成为学界关注的焦点。

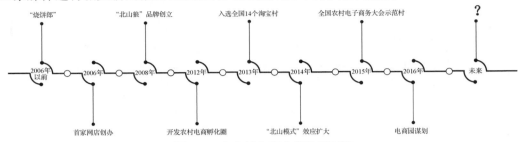

图 6.2　北山村电商产业发展历程

(图片来源:作者自绘)

6.1.2　研究目标与方法

1)研究目标

随着北山村的电商逐步发展,产居关系面临着不断加剧的冲突、矛盾与相互制约。而传统的政策与规划,或是针对电商产业的专项提升,或是针对人居环境的专项改造,缺乏对产居关系整合统筹的视角。

在北山村案例中,研究尝试将"共生理论"引入其产居空间的分析与营建中,并对产居共生的认知理论进行实证运用,以北山村为试点探索可以复制、借鉴的规律与经验集成。首先,针对电商驱动下北山村产居模式的演进与空间格局进行辨析,探索其演进规律与内在动因;其次,基于"共生体系"的视角,剖析产居共生单元、界面、模式、环境的现状问题,以及向产居共生转型发展的现实需求;最后,基于产居共生的机制与模式特征,提出基底、节点、通廊、组团、单元的适应性营建策略与实施路径。

2)研究方法

针对电商村的特殊性,研究采用线上与线下相结合的方法,来解析电商驱动下的北山村产业和人居空间的演进,从而提出相应的产居共生营建策略(图 6.3)。

(1)线下调研:笔者于 2018 年至 2020 年期间,采用问卷调查、半结构式访谈和参与式观察法等方式进行数据采集,对北山村的网店进行实地考察,对电商村的空间环境、基础设施情况以及居民的生活情况进行客观分析,与政府相关方面负责人、当地村民、外来人员、电商从业者(电商店主、员工、快递员等)进行深度访谈,问卷及访谈内容涉及日常生活习惯、电商产业发展现状、村庄建设发展等方面。

(2)线上调研:通过在电商平台上对商品关键词的搜索,找到北山村中相应的店铺。对其具体销售的产品类型、店铺信息等进行统计和汇总,并在地图上一一标出注明。

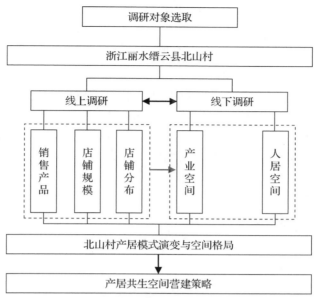

图 6.3　北山村产居共生研究方法与路线
（图片来源:作者自绘）

6.2　电商驱动下的产居模式演进与空间格局解析

6.2.1　电商起步期的"产居一体"

1）产业发展特征:从无到有,快速扩散

在最开始电商产业兴起之时,北山村村民多为自发参与,凭借着"户户相带"的效仿与传播,逐步将线上家具售卖产业规模做大。2006 年,吕振鸿返回家乡,自主创业,北山狼户外用品店(材料 6-1)成为他的首家网店。吕振鸿通过技术教学、经验分享等手段带动村民一起投身到电商产业,并帮助村民开展线上业务、售卖商品、扩大销售渠道并规定价格标准,北山村中有 90% 的村民都是北山狼的分销商。电商产业在这个过程中呈现出许多明显的特点:经商方式便捷、市场信息对称、时间空间不受限制等,吸引了更多的村民转投电商来进行创业。

【材料 6-1】

与其他电商村的发展模式不同,北山村并不是依靠农产品来开展销售业务,也没有依靠周边厂家制造力量发展壮大,没有产业环境支持,供应链从无到有,通过自己设计户外产品,委托加工厂加工,形成自有品牌。经营模式中主要由品牌创设、外部企业代加工和线上销售几部分组成。村民们在进货时不需要除加工成本以外的钱款,售卖商品中 80% 都是北山狼产品。村民通过成本极低的线上销售模式开展业务,能够减少风险,因此村民创业也变得轻松、容易。

2）功能空间分化:由"产居混合"到"产居一体"

随着电商产业的逐步发展,北山村内的功能整合也趋向多元化,这也促使乡村内的产居空间发生变化。昔日传统的农耕劳作模式被家庭电商模式所取代,村民大多通过改建、加建自家村宅来创造电商产业所需要的空间。此外,村宅的前庭、后院、底层空间都被改造为库房、包装、加工场所,产业和人居在有限的空间内形成一体化模式。

3）村落空间演进:由点带线,集聚增长

由于村宅低廉的改建成本和快速更新的特点,这种家庭电商范式逐渐被其他村民所效仿,原有的乡村产居空间布局得以重塑。北山村最初仅有一家电商经营户——北山狼户外用品店,在随后的发展过程中,以其为核心不断向外扩展,产居一体范式也显著增加,2010年已增长至20余家,且多数沿着主干道两侧分布,是一种由点带线的集聚式增长模式(图6.4)。

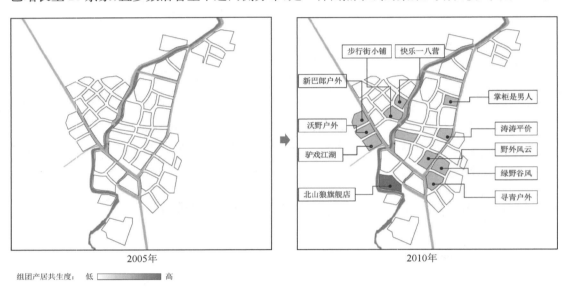

2005年　　　　　　　　　　　　　　　2010年

组团产居共生度:　低 ▭▭▭▭ 高

图6.4　北山村产居空间格局演进:由点带线,集聚增长

(图片来源:作者自绘)

6.2.2　电商扩张期的"产居混杂"

1）产业发展特征:纵向集聚,持续扩张

电商发展规模逐渐扩大,经营者数量飞速增长,发展至2015年,全村网店数量高达300余家,60%以上的村民涉及网店经营,据当年的不完全统计,全村全年销售额超过1.4亿元。家具产业中的企业规模逐渐趋向集群式,大量需求也应运而生,原材料、加工配件、生产设备等与生产和售卖相关的行业也不断扩大规模。电商产业实现横纵双向发展,并逐渐推动完整产业集群模式的构建①。

2）功能空间分化:从"产居一体"到"产居杂糅"

随着电商规模的进一步扩张,乡村的功能空间也在发生着蜕变,而变化的动力直接来源

---

① 乐乐,李翱.淘宝村的商业模式:基于对浙江省北山村案例的分析[J].经营与管理,2017(11):124-126.

于电商经营户不断增长的需求。村宅由于在早期建设的时候面积较小,无法应对日积月累增加的货物堆放,于是在宅院旁、街巷侧搭建临时工棚堆放货物的现象屡见不鲜;村内建设用地有限,无法承载突然涌入的各种配套产业,于是物流、包装、美工等小型企业多在村户家中租赁一层建筑,甚至只租赁一个院子搭建棚子;缺乏足够的垃圾处理站,纸箱等废弃物会被临时扔放在街边或者耕地上。突如其来的电商迅速扩张,使得原本承载力有限的乡村居住空间无法及时应对。

3) 村落空间演进:由线成面,错落分布

这一阶段,电商家庭群体从早期的沿主街分布向村落内部延展,并且呈现无序扩散特征。从图 6.5 可以看到,北山村从事电商的单元分布在村中各个角落,充分利用了现有的乡村村宅空间以及建设用地的存量。但即使是如此高密度的空间建设,也无法完全承载北山村日益增长的电商产业需求。

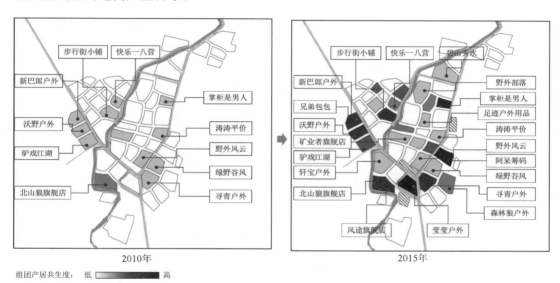

图 6.5　北山村产居空间格局演进:由线成面,错落分布

（图片来源:作者自绘）

6.2.3　电商转型期的"产居分离"

1) 产业发展特征:政府引导,集群引导

随着电商形成一定规模,产居要素迎来了集群化的阶段。通过市场机制的主导作用,使得产业链进一步发展优化,再加上地方政府相关部门的支持,逐步推动电商集群化体系建设。尽管北山村基础设施建设在持续增强,然而由于电商发展速度过快,以至于整体仍难以达到预期要求。因为村中不具备足够的空间承担户外用品的仓储功能,致使北山狼被迫搬迁,改迁至位于壶镇的电商集聚区中。北山狼一走,相应也带走了许多配套的产业与资源,北山村的电商产业规模也出现回落。

2）功能空间分化：从"产居混杂"到"产居分离"

北山村作为城郊村，地理区位相对较差，外出需要通过乡道，物流收发存在一定的不便。村庄内缺少相关仓储用地空间，部分农房建筑面积小，仓储功能同时也影响村民的生活起居，限制了产业的升级与规模的扩张，导致到达一定阶段的时候，电商办公、仓储、物流等功能开始外迁，逐步形成了一定程度的产居分离空间模式。这种模式虽然能够缓解空间不足、交通不便的问题，但是脱离了乡村人居本身，其产居整体的效率必然降低，电商产业对乡村发展的反哺作用也有所减弱。

3）村落空间演进：分片开发，空间整治

这一阶段，乡村部分产业空间外扩，形成新的功能增长片区。北山村内部的空间重新有了一定的产居空间发展余量。政府通过协调组织，积极开展环境整治与相对应的产居空间分配，鼓励产居空间适当聚合，以提升要素流动与公共服务设施的效率。图 6.6 表明北山村 2020 年的电商经营户较 2015 年数量明显减少，且空间分布上也形成了一定的块状格局。

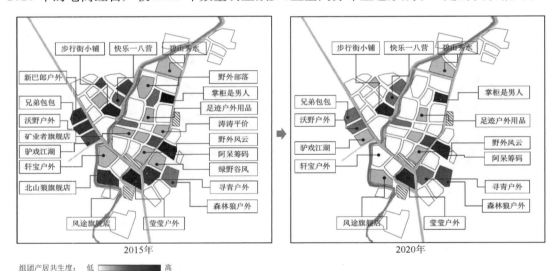

图 6.6　北山村产居空间格局演进：分片开发，空间整治

（图片来源：作者自绘）

6.3　北山村产居空间问题剖析与共生发展诉求

6.3.1　产业链作用下的产居空间现状

实地调研发现，北山村的电商产业链分工发育非常完善，分化出的产品生产、加工、制作、包装、展销、网售、美工、仓储、物流等环节和村宅、职工住宿、乡村商业、服务业等功能互为支撑，各功能"就近联系"或者"共用空间"。从产业结构上来看，北山村表现出特定的电商村特征，即产业链中部分环节在生产工厂中完成，其余多数环节都依托于家庭工坊或家庭电商完成

（图6.7）。从空间结构上看，北山村现状格局是基于原有空间结构，为适应产业发展和生活功能的需要自下而上更新发展形成的。在这个过程中，几乎不存在自上而下的乡村规划政策管控。

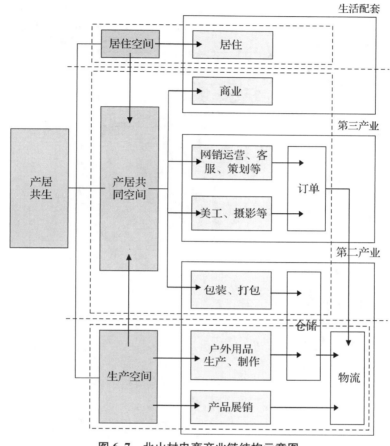

图6.7　北山村电商产业链结构示意图
（图片来源：作者自绘）

6.3.2　"共生体系"视角下的产居问题剖析

1）产居单元品质低下

由于现阶段电子商务的快速发展，促使北山村的家庭电商呈现出"前店后厂""下产上居"的格局，其基本的空间使用模式是：一层建筑往往承担客服与运营的职责，并局部进行基础加工工作；二层及以上建筑则用于居住和仓储。北山村内大部分村宅都会采取三层联排建筑的空间模式，建筑面积每层仅有四十多平方米，相对狭小，难以有效提升产居的运行效率。不仅村宅楼道内摆满货物，村内闲置的农房亦存满货物①。网商不得不频繁往返于楼上楼下、屋里屋外。而且农房建筑质量不佳（图6.8），一旦遭遇极端天气（如暴雨），极易造成

①　郑越，杨佳杰，朱霞."淘宝村"模式对乡村发展的影响及规划应对策略：以浙江省缙云县北山村为例［C］//规划60年：成就与挑战：2016中国城市规划年会论文集（15乡村规划），2016：727－737.

货物损失(如漏水)以及安全隐患。

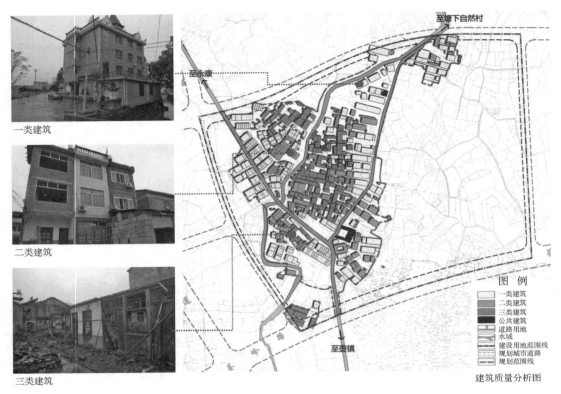

一类建筑

二类建筑

三类建筑

图 6.8　北山村建筑质量分析

(图片来源:作者自绘)

(1) 村庄内部危旧房较多,改造迫切:图 6.8 可见村庄三类质量建筑较多,占总建筑量的 1/3,且主要集中分布在村庄内部,造成建设用地闲置、破败老屋存留、违章建筑未拆、居住环境较差的混乱局面,与电商村长远建设的需求不符。

(2) 建筑质量空间分布有迹可循:根据北山村现状建筑利用和质量分析可知,新建建筑多沿主路两侧分布,村庄中心的旧村区域则保留了大量分散无序、杂乱无章的老房子,且许多已经无人居住,不少建筑年久失修、破败不堪,总体呈现"外实内空、外新内旧、外齐内乱"的空间格局。

(3) 村民自发性建房缺乏规划的指引和控制:村庄外围近年来的新建建筑,虽建筑质量较好,但是缺乏规划的指引和控制,普遍存在前后间距较窄(甚至只有 2～3 m)、建筑层数过高(5～6 层)的问题,严重影响北侧房屋的采光,在消防方面也存在较大隐患。甚至部分村民见缝插针,强占耕地,不仅导致农村建筑布局零乱,环境卫生差,并且土地资源安排不当,致使浪费情况十分严重,违章建筑现象过于泛滥。

2) 产居界面阻滞拥塞

现状地块内主要道路为 X510 公路南连壶镇镇区,北接永康市,与基地内另一村庄主干道呈 Y 形。其中南侧进村段主路已于 2015 年底完成绿化改造,道路宽 7 m,能够满足电商产业与村民日常活动的通行,但是道路目前仍有较多坑洼不平路段。现状村庄次要道路为沿北山溪两侧道路,长约 450 m,宽 4~5 m,局部已设置部分绿化带,整体效果不佳,滨水空间有待完善。村庄支路宽 3~4 m,整体数量偏少,尚未形成完整的系统,与主次干道联系不够紧密,使得部分家庭电商户运送商品较为不便(图 6.9)。村庄老区村户主要由步行路与村庄道路相连,车行到户较为困难。此外,村内停车位较为紧张,仅村委前篮球场及村庄东侧的小广场能兼具停车场使用,电商繁忙时期经常出现车辆乱停放的现象。

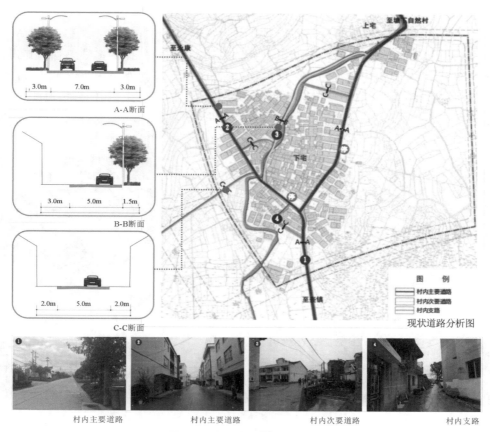

图 6.9　北山村现状道路分析

(图片来源:作者自绘)

3)产居模式转型困难

现状乡村建设用地主要由住宅用地、公共服务设施用地、基础设施用地构成,占地面积 13.2 hm²,占总用地面积的 43%;非建设用地主要包括水域及农林用地,主要分布于地块东西两侧,占地 17.74 hm²,占总用地面积的 57%。乡村内现有的土地存量相对不足,对于蓬勃增长的电商产业用地需求无法提供长期的支持。

较为理想的状况是,可以通过"存量挖潜"的方式①,对北山村中现有的土地资源进行统合规整,提高其他用地的使用效率,减少土地空置率,从而为电商产业的后续发展提供土地保障。然而在现实操作中,由于北山村中原有的人均宅基地面积本就相对较小,土地的规划整合不但难以产生新的电商产业用地指标,而且还需要额外用于人居建设。此外,北山村中目前的公共设施用地也严重不足,尚且无法满足日常的村民需求,更无法转型为电商产业提供支持与服务。虽然在北山村中有较多的闲置农地,但是在国家"18亿亩耕地红线"的严格要求下,土地用地变更需要复杂的论证与研讨过程。

4)产居环境配套欠缺

首先,北山村内从事电子商务的网店业主,大多是驻村村民,他们多缺乏管理知识、专业知识及创新能力,而北山村的工作、居住环境又无法吸引太多的外来从业者。其次,由于现阶段乡村内包含的电商经营户呈现出零散状态,受到交通因素的束缚,使得物流配送时间进一步延长。最后,现状公共配套设施主要有公共管理设施、文体设施、教育设施等,公共配套设施相对较为齐全(图 6.10),但建筑质量普遍不高且容量较小。

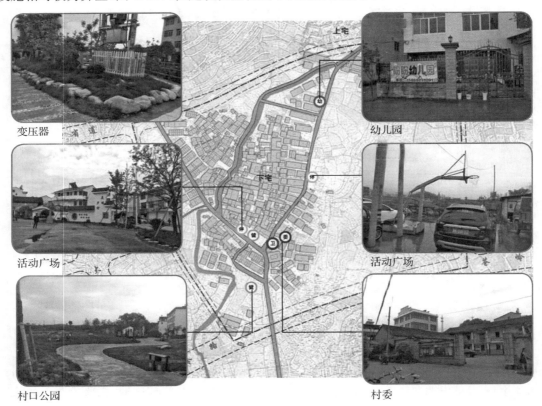

变压器　　　　　　　　　　　　幼儿园

活动广场　　　　　　　　　　　　活动广场

村口公园　　　　　　　　　　　　村委

图 6.10　北山村配套设施分析

(图片来源:作者自绘)

---

① 郑越,杨佳杰,朱霞."淘宝村"模式对乡村发展的影响及规划应对策略:以浙江省缙云县北山村为例[C]//规划60年:成就与挑战:2016中国城市规划年会论文集,2016:727-737.

　　北山村里的龙头企业"北山狼"因缺乏合适的经营场所，被迫搬离北山村。虽然"北山狼"的创始人与业务骨干均是北山村村民，他们的家庭与社会关系也扎根于北山村，且北山狼的成功离不开北山村网商的集群推动，但是由于产居环境的"窘境"，"北山狼"搬离北山村也实属无奈之举（图6.11）。

"北山狼"旧址　　　　　　　　　　"北山狼"新办公园区

图6.11　"北山狼"旧址搬迁

（图片来源：作者自绘）

6.3.3　"产居共生"发展的思考与诉求

　　基于前面的分析，不难看出北山村电商"自上而下"的发展模式，存在建设与导控策略缺失下引发的一系列问题，在北山村电商发展的现象背后隐藏着诸多产居矛盾，"北山狼"的迁离即反映出矛盾长期存在的隐忧。

　　因此，在北山村的发展过程中，除了要解决经济功能提升的问题，还要重视人居环境改善的问题，建设"产业"与"人居"共同发展的新乡村，两者兼顾才能真正实现乡村振兴。事实上，"产业"与"人居"长期属于乡村稳定健康发展上的两个重要支撑，产居共生、共荣既是乡村多种活动集成的必然结果，也是聚居"共同增长"的必要途径。对于电商村"产居共生"需加以正确引导、有效应对，避免产居功能的持续失稳。

6.4　北山村"产居共生"空间营建策略

　　随着乡村建设的成熟，北山村将不断吸引外来人流，构成居民、电商及办公甚至旅游参观等人群，不同的人群对乡村规划具有不同的需求（图6.12），但是其原则与宗旨都与"产居共生"理念相一致。因而，规划根据具体的需求，整合得出多层次、多维度的产居共生营建策略。

图 6.12　北山村不同社群的差异化需求

（图片来源：作者自绘）

6.4.1　基底：三区联动，依产筑村

　　为使得产居空间能够有机共生，应对其空间基底进行合理布局，减缓两者之间的矛盾关系，提升村民生产和生活的空间绩效。利用功能区"大分散、小集中"的方式（图 6.13），进一步推动产居共生，逐步促使土地资源合理分配（表 6.1）。

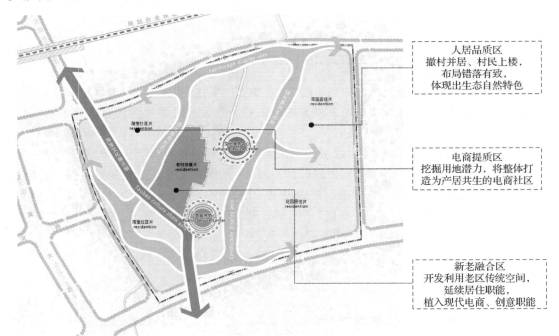

图 6.13　北山村规划结构图

（图片来源：作者自绘）

　　（1）人居品质区：依据乡村居住功能定位要求和乡村村宅建设需求，有效组织村民"撤村并居""村民上楼"。在结合现状用地的基础布局上，依照现有地形走势，充分考虑旧村与新村的结合，布局错落有致，体现出生态自然特色。同时兼顾居住区私密性与邻里交往，达到居住环境品质的最佳化，为电商产业的从业者及原住村民提供一个品质村居。

　　（2）电商提质区：梳理乡村内部新、老村宅用地空间，挖掘用地潜力，解决电商商家的办公、仓储等问题，落实可行的旧村改造方案；用公共艺术重现北山产业文化特色，渲染电商文化，将整体片区打造为产居共生的电商社区；通过滨水空间、绿化改造，局部建设绿化节点广场，提升乡村主体的空间适宜性。

（3）新老融合区：开发利用老区场、院、街巷等传统空间，结合创意产业拓展街区职能，延续居住职能，发挥电商职能，并策划发展旅游职能。产居的复合化使老村发展更具活力，在保存村庄发展脉络和记忆的延续的同时，实现对老村的复兴。

表 6.1　北山村产居功能区平面规划与建设愿景

功能片区	人居品质区	电商改造区	新老融合区
平面规划			
建设愿景			

（表格来源：作者自绘）

6.4.2　节点：功能补全，产居共融

公共空间、公共设施和环境的有效衔接将有助于给北山村产居营建带来活力。规划同时关注对公共空间与公共设施的步行可达范围及覆盖程度，考虑村民的日常行为习惯感受，以步行 5～10 min（约 300～800 m）为距离范围参照，合理布局北山村内村级与组团级的公共服务设施，强调"产居共生"的"大社区"构建，提升公共服务体系效能。依据北山村的空间现状与电商产业需求，合理配置电商功能节点（表 6.2）。

（1）电商服务中心：与村委相邻近，提供 ATM 取款机、电商代购点/代销点、文印、基础通信设备销售以及免费 Wi-Fi 服务等。

（2）电商公共艺术街：依托现状主要道路，融入电商、元素，作为北山村电商模式学习、美丽乡村展示的参观线路。

（3）电商慢生活街区：强调居住功能，与现代电商紧密联系，以生活促经营。充分利用传统空间（场、院、街巷），即村民的院落空间、街巷空间、底层建筑空间，开发休闲、特色商业服务、创意小店、户外产品个性化设计、手工艺体验、个性电商经营、茶吧、书吧、餐饮等融合文化的商业化空间。

（4）电商主题公园：功能以绿地公园为主，集趣味、休闲、创意、文化于一体，同时融入电商主题、乡土景观元素，利用现代美学，以开放园林营造山水意境，成为多样方式体验乡土文化和电商文化的特色公园。

（5）电商交流站点：由现状村委用房改造，开辟周边建筑，为电商业务从事者提供休闲商务场所，展示农村电子商务的形象。

与此同时，也通过加大基础设施投入，完善公共配套设施，提高生活的环境品质，合理配置教育、医疗卫生、文化活动、广场、戏台、游园等公共服务设施，以满足村民的日常生活所需。

表6.2　北山村电商功能节点设计意向

电商功能节点	设计意向图
电商服务中心	
电商公共艺术街	
电商慢生活街区	

电商功能节点	设计意向图
电商主题公园	
电商交流站点	

（表格来源：作者自绘）

6.4.3 通廊：体系建构，层级划分

北山村由于有较多的货运、快递车辆进出，为尽量防止"人车共用道路"带来的安全隐患，需要充分了解现阶段乡村发展情况，以其实际要求为基础，有针对性地完成道路系统建设优化工作。行人和机动车必须分别规划，应当具备全面完善且独立的交通体系，提高对机动交通以及慢行体系的重视程度，逐步强化系统构建。推动社会安全性建设，这既可融合现代电商产业的发展需求，同时又能够促进村民生活宜居性。

通过健全路网体系、完善乡村的主路宽度与支路密度，满足高频的物流需求（图 6.14）。合理组织货流和人流，推动各部分道路的等级以及功能方面逐步优化提升；适度提升东西向的交通能力，促使货流、人流能迅速与城市交通干道接轨；提高路网的密度可达性，进一步扩充停车场地，解决现存的停车难问题。

6.4.4 组团：精准驱动，聚气营市

对于北山村内的组团规划，需要依据组团的功能定位差异性，设定相应的空间参数。利用空间图谱的方法，划分组团并设定相关的营建参数，例如产居共生值、建设密度、绿化率、停车配比等。通过对于组团的产居兼容性设定，以期实现：① 营造电商经营的市场氛围，将电商的功能在一定的空间内集聚，提高资源的流动效率，增加空间的识别性与绩效性，并尽量降低对居住空间的干扰；② 聚集乡村人居的生活气氛，强调绿地率、开放空间、环境品质等

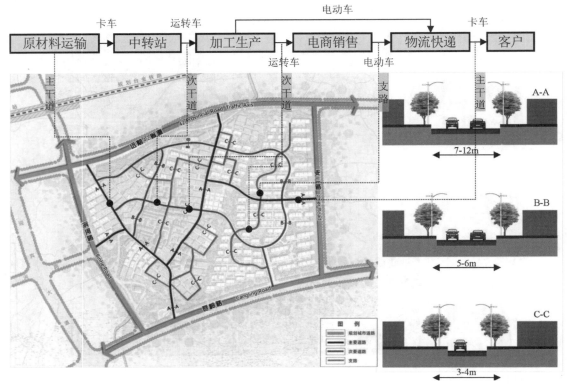

图 6.14   北山村道路体系规划

（表格来源：作者自绘）

指标导控,提升组团内居民的生活舒适度。通过精准的组团驱动,实现北山村整体的"聚气营市"。

6.4.5   单元:新老融合,功能置换

对于北山村中存在的建筑质量、建筑风貌较差的建筑,需要对其进行修缮,对于结构不安全等建筑进行拆除重建,并且对存在历史文化研究意义的建筑维护提起重视。依据产居功能类型的差异,对电商农房和一般农房给出立面改造的导则与设计示意:① 针对电商农房,要体现电商产业氛围,对立面进行粉刷,建筑、门窗边缘进行勾线并设置窗台绿化,新增统一店招,在道路沿线新增路灯和花箱,局部空旷处再点缀小块花坛;② 针对一般农房,以美观、实用、舒适为原则,对其进行改造。以表 6.3 为例,对建筑立面进行粉刷,增加勾线,局部增加构建或石头贴面,在大面积墙面空白处增加墙绘。对周边菜地进行整理,增加竹篱笆等,提升整体环境景观。

表 6.3　北山村农房改造设计示意

农房类型	设计意向图
电商农房	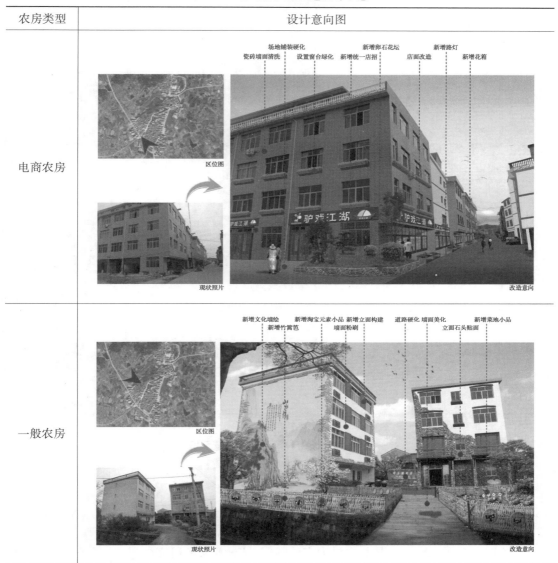
一般农房	

（表格来源：作者自绘）

　　建筑平面功能则强调产居功能之间的干扰最小化。通过垂直分区，将仓储与部分作坊功能置于底层南侧，减少噪声等的干扰，而在一层开设一个门专门供生活使用，可以避免产居流线的混杂。在二层空间，将北侧原有书房和储藏间打通，统一改造为电商办公空间，这样可以尽可能地保证将南侧的卧室空间保留下来，仍然能够供村民日常生活使用。三层的露台空间，则可以通过玻璃房的形式，将二层的书房空间移植到此处，尽量减少电商经营对于原本居住空间的干扰（图 6.15）。

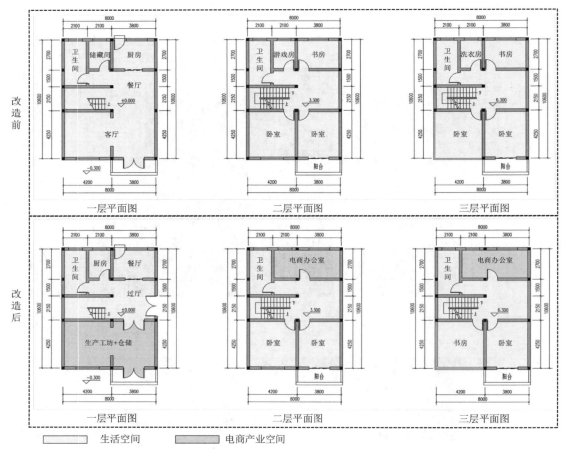

图 6.15　北山村单元空间改造示意

（图片来源：作者自绘）

6.5　本章小结

　　本章以浙江丽水市缙云县北山村为实证案例，结合前文的研究成果，从产居共生的视角提出电商驱动下乡村营建与优化策略。首先，从电商启蒙期的"产居一体"、电商扩张期的"产居混杂"、电商转型期的"产居分离"三个阶段解析北山村的产居空间演化格局。进而，对北山村产居空间的现状问题进行提炼，并结合"共生理论"体系对产居单元、界面、模式、环境进行针对性分析。最终成果体现在规划层面，通过三区联动、依产筑村，形成土地资源的合理性配置；在节点层面，通过功能补全、产居共融，实现公共服务实施效率的功能兼顾；在通廊层面，通过体系建构，层级划分，提升产居要素交互的效率；在组团层面，通过精准驱动，聚气营市，实现对组团营造的精准管控；在单体层面，通过新老融合，功能置换，科学、渐进地实现微观层面的产居共生。

7　结语

7.1　研究结论

近年来,我国电商村的发展处于快速膨胀期,以电子商务为触媒的产业集聚与人居发展,在乡村地理空间上处于高度复合状态。然而,面对电商村动因复杂、形态多样、量大面广的"产居混合"现象,"自上而下"的制度导控一直缺乏行之有效的体系和策略,其发展与增长仍具有显著的"自下而上"特征,具体表现为空间建设失序、存量质量不足、受益主体错位、功能布局偏差、传统秩序失衡等。与此同时,在理解与认知上"重产业、轻人居"的问题也日益突显,以经济效益为导向的电商村评价指标,使人们忽视了乡村营建的本源,亟须认知纠偏与概念厘清。

乡村振兴战略提出,产业兴旺是核心,生态宜居是关键。由此,引导"产居混合"向"产居共生"进行演进,是电商驱动下乡村可持续发展的基础。固然,对"产居共生"的解析不能局限于单纯的理论套用,也不能故步自封在现有相对成熟的经验里。在电商驱动的语境中,平衡乡村产业与人居耦合的动态矛盾,解析"产居共生"的认知框架与逻辑建构,进而具体落实到实践,基于地域适宜的电商村"产居共生"营建策略提出,并立足案例实证,寻求切实可行的操作模式与实施途径。

（1）架构基于"共生理论"的电商村产居共存、共融、共进的研究路径

本书架构了如何针对电商村产居共同发展的诉求,以"共生理论"为研究基础,开展"产居共生"特征解析与营建策略的研究进路。通过对"共生理论"的内涵溯源、思维演化及概念解析,推导"共生理论"对于电商村产居发展的研究具有内容、目的和过程的契合,从而揭示电商村"产居共生"的发展内涵、关键问题与研究基本思路。

（2）解读基于"共生模式"的浙江电商村产居要素演进现象与动因机制

深入解读了浙江电商村产居要素的演化规律,并将其归纳为四个阶段:①"产居混合"的初始生成（依托寄生阶段）;②"产居一体"的发轫增长（偏惠共生阶段）;③"产居杂糅"的膨胀失稳（偏害共生阶段）;④"产居共生"的反思转型（互惠共生雏形）。在此基础上,归纳出演进的动力机制:经济产业转型是"先决条件",社会网络效应是"驱动引擎",多元功能空间是"要素载体",政府调控干预是"序化保障"。进而,以农贸型、工贸型、商贸型电商村为实证样本,解析其产居共生维度与空间格局特征,结果表明:时间共生弹性应变,空间共生多样组构,社群共生复杂交融,其空间格局具有"核域式聚集""轴线式延展"与"破碎化分异"的差异类型。

（3）建构电商村"产居共生"的体系、空间与机制认知框架

本书试图提出一种有利于系统把握电商驱动与乡村"产居共生"之间作用机制的认知框架。尝试围绕"核心体"（共生单元）、"中介体"（共生界面）、"共同体"（共生模式）及"承载体"

(共生环境)来构建电商村"产居共生"的体系。在探索产居空间集成与共生线索的过程中,归纳出了共生形态"层级性"整合、结构"适应性"布局、范式"非定性"演化、模式的"要素流"动线的特征,并凝练出功能多维组合、系统演进趋优、集群群体同构的"产居共生"属性与机制。

(4)归纳电商村"产居共生"的营建策略与实施路径

针对电商村产居发展的现状特征与制度,本书从模式、策略与路径三个方面提出并建构"产居共生"的营建体系。在营建模式方面,提出从主体、功能、制度三个层面出发,营建"乡建共同体""利益共同体"与"产居共同体";在营建策略方面,强调对共生模式的实证性组织、共生环境的针对性提升、共生界面的矛盾性应对以及共生单元的适应性引导;在营建路径方面,从基底规划、节点提质、通廊梳理、组团优化、单元导控五个方面,探索地域性、可操作的营建方法。

7.2　不足与展望

本书仅对电子商务驱动下乡村"产居共生"的空间格局与营建策略做了一定探究,核心在于对产居关系演进的现象进行解读、"产居共生"的时空图谱模型建构、认知性的框架确立,以及营建的实证方法提出。当然,由于受到研究基础不足、数据获取困难、地区量大面广的问题制约,本书仍存在着许多值得改进的地方,其中包括:

(1)限于地区,电商村的产居空间本身具有地域差异性,面对国内量大面广、类型多样的乡村建筑单体、组团空间、聚落形态的案例,本研究仅以浙江地区电商村为研究对象进行理论解析与策略探究,研究成果难免缺失全面性和通用性。

(2)限于数据,由于乡村调研需要耗费大量的时间与精力,笔者虽然深入调研了数十个乡村案例作为定性研究的基础,然而要获取全部精准的定量数据仍存在客观上的困难,因此本书仅选取具有代表性的样本进行量化分析,以期提供时空图谱的思路与方法。

(3)限于基础,电商村"产居共生"是一个相对特殊且具有时代特征的研究对象,国内外的理论与实证研究缺乏长期的学术积累与经验集成,且由于笔者理论功底和学术视野的不足,在认知逻辑、技术手段、量化模拟及策略建构等方面,暴露出方法与结论的粗疏。

(4)限于篇幅,无法将庞杂的逻辑体系、烦冗的研究过程等完全展开阐述,仅以本研究作为切入点,为后续理论与实证研究提供借鉴与参考。

本书是笔者这几年调研、阅读、思考的学术成果提炼与总结,同时也是今后从事科研工作的基础。考虑到书中的不足与未尽的工作,未来的研究工作可能从以下几个方面进行展开和深入:首先,研究需要将视野从浙江拓展至长三角乃至全国,相关的研究理论和实证须基于特定时期、特定地域进行拓展,使其更具有客观性与说服力;其次,在今后的科研工作中,更注重相关方面的数据积累与知识储备,更多的案例比较与验证,也是今后研究的重点方向;再次,研究中应扩大实践,参与到更多的地域性电商村营建实践中,且进一步考虑产业与人居的共生策略,使研究成果与实施操作能够紧密对接。

参考文献

学术期刊

[1] ZHOU J，YU L，CHOGUILL C L. Co-evolution of technology and rural society：the blossoming of taobao villages in the information era，China[J]. Journal of Rural Studies，2021,8(83):81-87.

[2] LIU M，ZHANG Q，GAO S，et al. The spatial aggregation of rural e-commerce in China：an empirical investigation into Taobao Villages[J]. Journal of Rural Studies，2020,80:403-417.

[3] WANG C C，MIAO J T，PHELPS N A，et al. E-commerce and the transformation of the rural：the Taobao village phenomenon in Zhejiang Province，China[J]. Journal of Rural Studies，2021,12(80):403-417.

[4] SONN J W，GIMM D W. South Korea's Saemaul（New Village）movement：an organisational technology for the production of developmentalist subjects[J]. Canadian Journal of Development Studies，2013,34(1):22-36.

[5] CHAWEEWAN D，KOCHAKORN A. Similarity and Difference of One Village One Product（OVOP）for Rural Development Strategy in Japan and Thailand[J]. Japanese Studies Journal Special Issue：Regional Cooperation for Sustainable Future in Asia，2012，21(5):52-62.

[6] QUISPEL A. Some theoretical aspects of symbiosis[J]. Antonie Van Leeuwenhoek，1951,17(1)：69-80.

[7] SOKKA L，PAKARINEN S，MELANEN M. Matti Melanen. Industrial symbiosis contributing to more sustainable energy use：an example from the forest industry in Kymenlaakso，Finland[J]. Journal of Cleaner Production，2011,19(4)：285-293.

[8] 杨思，李郇，魏宗财，等."互联网＋"时代淘宝村的空间变迁与重构[J].规划师，2016,32(5):117-123.

[9] 余侃华,陈延艺,武联,等.乡村4.0:互联网视角下乡村变革与转型的规划应对探讨:以陕西省礼泉县官厅村为例[J].城市发展研究,2017,24(11):15-21.

[10] 刘增伟.浅析互联网对当代农村发展的影响[J].商,2016(32):52-53.

[11] 曾亿武,邱东茂,沈逸婷,等.淘宝村形成过程研究:以东风村和军埔村为例[J].经济地理,2015,35(12):90-97.

[12] 罗震东,陈芳芳,单建树.迈向淘宝村3.0:乡村振兴的一条可行道路[J].小城镇建设,2019,37(2):43-49.

[13] 黎少君,史洋,PETERMANN S. 电商人居环境设计与"三生"空间:以城中村淘宝村为例[J]. 装饰,2020(10):115-119.

[14] 涂圣伟. 工商资本下乡的适宜领域及其困境摆脱[J]. 改革,2014(9):73-82.

[15] 细数国外农村电商的发展史[J]. 农业工程技术,2016(24):49-50.

[16] 周颖. 日本制定 21 世纪农村信息化战略计划[J]. 中国农业信息快讯,2001(2):28.

[17] 王沛栋. 韩国农村建设运动对我国农村电子商务发展启示[J]. 河南社会科学,2017,188(12):59-63.

[18] 杨程. 国内外农村电子商务运营的主要模式[J]. 现代企业,2018(7):115-116.

[19] 张作为. 淘宝村电子商务产业集群竞争力研究[J]. 宁波大学学报(人文科学版),2015,28(3):96-101.

[20] 刘亚军,储新民. 中国"淘宝村"的产业演化研究[J]. 中国软科学,2017(2):29-36.

[21] 王嘉伟. "十三五"时期特困地区电商扶贫现状与模式创新研究[J]. 农业网络信息,2016(4):17-21.

[22] 郭承龙. 农村电子商务模式探析:基于淘宝村的调研[J]. 经济体制改革,2015,194(5):110-115.

[23] 单建树,罗震东. 集聚与裂变:淘宝村、镇空间分布特征与演化趋势研究[J]. 上海城市规划,2017(2):98-104.

[24] 徐智邦,王中辉,周亮,等. 中国"淘宝村"的空间分布特征及驱动因素分析[J]. 经济地理,2017,37(1):107-114.

[25] 李楚海,林娟,伍世代,等. 浙江省淘宝村空间格局与影响因素研究[J]. 资源开发与市场,2021,37(12):1433-1440.

[26] 骆莹雁. 浅析我国农村电子商务的发展与应用:以沙集淘宝村为例[J]. 中国商贸,2014(2):72-75.

[27] 彭红艳,丁志伟. 中国淘宝村"增长-消失"的时空特征及影响因素分析[J]. 世界地理研究,2021,12:1-16.

[28] 刘传喜,唐代剑. 浙江乡村流动空间格局及其形成影响因素:基于淘宝村和旅游村的分析[J]. 浙江农业学报,2016,28(8):1438-1446.

[29] 周静,杨紫悦,高文. 电子商务经济下江苏省淘宝村发展特征及其动力机制分析[J]. 城市发展研究,2017,24(2):9-14.

[30] 胡垚,刘立. 广州市"淘宝村"空间分布特征与影响因素研究[J]. 规划师,2016,32(12):109-114.

[31] 曾亿武,郭红东. 电子商务协会促进淘宝村发展的机理及其运行机制:以广东省揭阳市军埔村的实践为例[J]. 中国农村经济,2016(6):51-60.

[32] 梁强,邹立凯,杨学儒,等. 政府支持对包容性创业的影响机制研究:基于揭阳军埔农村电商创业集群的案例分析[J]. 南方经济,2016(1):42-56.

[33] 李育林,张玉强. 我国地方政府在"淘宝村"发展中的职能定位探析:以广东省军埔村为例[J]. 科技管理研究,2015,35(11):174-178.

[34] 李谊苏. 政府赋能驱动下的淘宝村集群式成长动力机制:以江苏沙集镇为例[J]. 市场周刊,2021,34(1):82-84.

[35] 陈然. 地方自觉与乡土重构:"淘宝村"现象的社会学分析[J]. 华中农业大学学报(社会科学版),2016(3):74-81.

[36] 吴昕晖,袁振杰,朱竑. 全球信息网络与乡村性的社会文化建构:以广州里仁洞"淘宝村"为例[J]. 华南师范大学学报(自然科学版),2015,47(2):115-123.

[37] 周大鸣,向璐. 社会空间视角下"淘宝村"的生计模式转型研究[J]. 吉首大学学报(社会科学版),2018,39(5):22-28.

[38] 刘本城,房艳刚. "淘宝村"电商生产空间演变效应及优化:以山东省曹县大集镇丁楼村为例[J]. 地域研究与开发,2020,39(5):138-144.

[39] 吴丽萍,王勇,李广斌. 电商集群导向下的乡村空间分异特征及机制[J]. 规划师,2017,33(7):119-125.

[40] 任晓晓,丁疆辉,靳字含. 产业依托型淘宝村时空发展特征及其影响因素:以河北省羊绒产业集聚区为例[J]. 世界地理研究,2019,28(3):173-182.

[41] 王林申,运迎霞,倪剑波. 淘宝村的空间透视:一个基于流空间视角的理论框架[J]. 城市规划,2017,41(6):27-34.

[42] 陈宏伟,张京祥. 解读淘宝村:流空间驱动下的乡村发展转型[J]. 城市规划,2018,42(9):97-101.

[43] 罗震东,何鹤鸣. 新自下而上进程:电子商务作用下的乡村城镇化[J]. 城市规划,2017,41(3):31-40.

[44] 陈炯臻,季翔,洪小春. 基于产业主导的淘宝村空间发展特征与展望[J]. 现代城市研究,2020,35(6):18-25.

[45] 曾亿武,蔡谨静,郭红东. 中国"淘宝村"研究:一个文献综述[J]. 农业经济问题,2020,41(3):102-111.

[46] 刘丽. 理性发展政策指南[J]. 国土资源情报,2003(5):46-52.

[47] 陈修颖,叶华. 市场共同体推动下的城镇化研究:浙江省案例[J]. 地理研究,2008,27(1):33-44.

[48] 杨贵华. 社区自组织能力建设的体制、政策法律路径[J]. 城市发展研究,2009,16(3):11-17.

[49] 屠黄桔,王影影. 产业融合视角下苏南乡村工业空间优化策略研究[J]. 湖北农业科学,2018,57(10):129-133.

[50] 颜思敏,陈晨. 白茶产业驱动的乡村重构及规划启示:基于浙江省溪龙乡的实证研究[J]. 现代城市研究,2019,34(7):26-33.

[51] 周思悦,申明锐,罗震东. 路径依赖与多重锁定下的乡村建设解析[J]. 经济地理,2019,39(6):183-190.

[52] 邬艳丽,郑皓昀. 传统乡村治理的柔软与现代乡村治理的坚硬[J]. 现代城市研究,2015,30(4):8-15.

[53] 贺辉文. 局部失序：乡村邻避冲突的治理困境：以中部某地胶筐厂为例[J]. 现代城市研究,2017,32(1):23-28.

[54] 张嘉欣,千庆兰,姜炎峰,等. 淘宝村的演变历程与空间优化策略研究：以广州市里仁洞村为例[J]. 城市规划,2018,42(9):110-117.

[55] 张嘉欣,千庆兰,陈颖彪,等. 空间生产视角下广州里仁洞"淘宝村"的空间变迁[J]. 经济地理,2016,36(1):120-126.

[56] 张英男,龙花楼,屠爽爽,等. 电子商务影响下的"淘宝村"乡村重构多维度分析：以湖北省十堰市郧西县下营村为例[J]. 地理科学,2019,39(6):947-956.

[57] 钱俭,郑志锋. 基于"淘宝产业链"形成的电子商务集聚区研究：以义乌市青岩刘村为例[J]. 城市规划,2013,37(11):79-83.

[58] 龙花楼,张杏娜. 新世纪以来乡村地理学国际研究进展及启示[J]. 经济地理,2012,32(8):1-7.

[59] 杨忍,陈燕纯. 中国乡村地理学研究的主要热点演化及展望[J]. 地理科学进展,2018,37(5):601-616.

[60] 武廷海. 吴良镛先生人居环境学术思想[J]. 城市与区域规划研究,2008,1(2):233-268.

[61] 王鲁辛. 传统人居环境学历史发展脉络特征探析[J]. 攀枝花学院学报,2018,35(1):69-78.

[62] 宋朝,李林山. 农村电商热背后的冷思考[J]. 种子科技,2015,33(12):20.

[63] 张天泽,张京祥. 乡村增长主义：基于"乡村工业化"与"淘宝村"的比较与反思[J]. 城市发展研究,2018,25(6):112-119.

[64] 同春芬,杨煜璇. 中国农村工业化及其环境污染的原因初探[J]. 江南大学学报(人文社会科学版),2009,8(3):37-41.

[65] 雷诚,葛思蒙,范凌云. 苏南"工业村"乡村振兴路径研究[J]. 现代城市研究,2019(7):16-25.

[66] 郑易生,钱薏红,王世汶,等. 中国环境污染经济损失估算：1993年[J]. 生态经济,1997(6):6-14.

[67] 陈锦赐. 以环境共生观营造共生城乡景观环境[J]. 城市发展研究,2004,11(6):52-53.

[68] 陈锦赐. 论"四生环境"共生城市之社会永续发展观[J]. 开放导报,2000(10):15-17.

[69] 胡守钧. 社会共生论[J]. 湖北社会科学,2000(3):11-12.

[70] 袁纯清. 共生理论及其对小型经济的应用研究(上)[J]. 改革,1998(2):101-105.

[71] 郑新煌,孙久文. 农村电子商务发展中的集聚效应研究[J]. 学习与实践,2016(6):28-37.

[72] 郭占恒. 以"重、大、国、高"优化提升"轻、小、民、加"：浙江产业转型升级的思路和政策选择[J]. 浙江社会科学,2009(6):16-21.

[73] 潘家玮,沈建明,徐大可,等. 2005年浙江块状经济发展报告[J]. 政策瞭望,2006(7):4-9.

[74] 朱晓青,吴屹豪. 浙江模式下家庭工业聚落的空间结构优化[J]. 建筑与文化,2017(7):78-82.

[75] 曾菊新,蒋子龙,唐丽平. 中国村镇空间结构变化的动力机制研究[J]. 学习与实践,2009(12):49-54.

[76] 朱晓青,邬轶群,翁建涛,等.混合功能驱动下的海岛聚落范式与空间形态解析:浙江舟山地区的产住共同体实证[J].地理研究,2017,36(8):1543－1556.

[77] 史修松.产业集聚空间图谱的定义、内涵和表达方式探讨[J].测绘与空间地理信息,2012,35(12):6－8.

[78] 邬轶群,朱晓青,王竹,等.基于产住元胞的乡村碳图谱建构与优化策略解析:以浙江地区发达乡村为例[J].西部人居环境学刊,2018,33(6):116－120.

[79] 胡最,刘沛林.中国传统聚落景观基因组图谱特征[J].地理学报,2015,70(10):1592－1605.

[80] 叶庆华,刘高焕,陆洲,等.基于GIS的时空复合体:土地利用变化图谱模型研究方法[J].地理科学进展,2002(4):349－357.

[81] 陈菁,罗家添,吴端旺.基于图谱特征的中国典型城市空间结构演变分析[J].地理科学,2011,31(11):1313－1321.

[82] 赵万民,汪洋.山地人居环境信息图谱的理论建构与学术意义[J].城市规划,2014,38(4):9－16.

[83] 周俊,徐建刚.小城镇信息图谱初探[J].地理科学,2002,22(3):324－330.

[84] 许凯,孙彤宇.产业链作用下的小微产业村镇"产、城关联"用地模式探讨:以福建省茶叶加工产业村镇为例[J].城市规划学刊,2014(6):22－29.

[85] 张嘉欣,千庆兰.信息时代下"淘宝村"的空间转型研究[J].城市发展研究,2015,22(10):110－117.

[86] 刁贝娣,陈昆仑,丁镭,等.中国淘宝村的空间分布格局及其影响因素[J].热带地理,2017,37(1):56－65.

[87] 千庆兰,陈颖彪,刘素娴,等.淘宝镇的发展特征与形成机制解析:基于广州新塘镇的实证研究[J].地理科学,2017,37(7):1040－1048.

[88] 漆小涵,谢梦婷.我国"淘宝村"发展现状、问题与建议:基于白牛村的案例分析[J].市场周刊,2019(9):93－94.

[89] 边雪,陈昊宇,曹广忠.基于人口、产业和用地结构关系的城镇化模式类型及演进特征:以长三角地区为例[J].地理研究,2013,32(12):2281－2291.

[90] 杨兴柱,杨周,朱跃.世界遗产地乡村聚落功能转型与空间重构:以汤口、寨西和山岔为例[J].地理研究,2020,39(10):2214－2232.

[91] 钱振澜,王竹,裘知,等.城乡"安全健康单元"营建体系与应对策略:基于对疫情与灾害"防-适-用"响应机制的思考[J].城市规划,2020,44(3):25－30.

[92] 王竹,朱晓青,赵秀敏."后温州模式"的江南小城镇底商住居探究[J].华中建筑,2005(6):97－99.

[93] 王竹,孙佩文,钱振澜,等.乡村土地利用的多元主体"利益制衡"机制及实践[J].规划师,2019,35(11):11—17,23.

[94] 乐乐,李翱.淘宝村的商业模式:基于对浙江省北山村案例的分析[J].经营与管理,2017(11):124－126.

[95] 王竹,徐丹华,钱振澜,等.乡村产业与空间的适应性营建策略研究:以遂昌县上下坪村

为例[J].南方建筑,2019(1):100-106.

[96] 王竹,钱振澜.乡村人居环境有机更新理念与策略[J].西部人居环境学刊,2015,30(2):15-19.

[97] 王竹,傅嘉言,钱振澜,等.走近"乡建真实"从建造本体走向营建本体[J].时代建筑,2019(1):6-13.

[98] 邬轶群,王竹,于慧芳,等.乡村"产居一体"的演进机制与空间图谱解析:以浙江碧门村为例[J].地理研究,2022,41(2):325-340.

[99] 聂召英,王伊欢.链接与断裂:小农户与互联网市场衔接机制研究——以农村电商的生产经营实践为例[J].农业经济问题,2021,42(1):132-143

[100] 隋海涛,郭风军,张长峰,等.山东省生鲜电商村运营模式研究[J].中国果菜,2021,41(12):79-84,36.

[101] 孙立玲,王烁生,黄淯斌.淘宝村模式下的电商产业园的思考:以广东省揭阳市军埔电商村样本[J].现代交际,2016(19):34-36.

[102] 曹云.共生思想及其在区域空间演化的应用:兼论开发区与城市空间的共生演化[J].人文杂志,2013(3):40-45.

[103] 雷诚,葛思蒙,范凌云.苏南"工业村"乡村振兴路径研究[J].现代城市研究,2019,34(7):16-25.

专著

[1] 罗伯特·E.帕克.社会学导论[M].北京:北京广播学院出版社,2016.

[2] ROWLEY A. Planning Mixed Use Development:Issues and Practice[M]. RICS,1998.

[3] COCKLIN C,DIBDEN J. Sustainability and Change in Rural Australia[M]. Sydney:University of New South Wales Press,2005.

[4] SCOTT G D. Plant Symbiosis[M]. New York:St Martin's Press,1969.

[5] MARGULIS L. Origin of Eukaryotic Cell[M]. New Haven:Yale University Press,1970.

[6] 徐杰.共生经济学[M].北京:中共中央党校出版社,2015.

[7] 阿里巴巴(中国)有限公司.中国淘宝村[M].北京:电子工业出版社,2015.

[8] 费孝通.乡土中国[M].北京:三联书店,1985.

[9] 黄宗智.长江三角洲小农家庭与乡村发展[M].北京:中华书局,2000.

[10] 刘润进,王琳.生物共生学[M].北京:科学出版社,2018.

[11] 中华人民共和国国家旅游局.中国旅游年鉴—1999[M].北京:中国旅游出版社,1999.

[12] 江苏省地方志编纂委员会.江苏省志:乡镇工业志[M].北京:方志出版社,2000.

[13] 尾关周二.共生的理想[M].卞崇道,等译.北京:中央编译出版社,1996.

[14] 胡守钧.社会共生论[M].2版.上海:复旦大学出版社,2012.

[15] 苏国勋.全球化:文化冲突与共生[M].北京:社会科学文献出版社,2006.

[16] 袁纯清.金融共生理论与城市商业银行改革[M].北京:商务印书馆,2002.

[17] 黑川纪章.新共生思想[M].覃力,杨熹微,慕春暖,等译.北京:中国建筑工业出版

社,2009.

[18] 李思强. 共生构建说论纲[M]. 北京:中国社会科学出版社,2004.

[19] 沈关宝. 一场静悄悄的革命[M]. 上海:上海大学出版社,2007.

[20] 胡毅,张京祥. 中国城市住区更新的解读与重构:走向空间正义的空间生产[M]. 北京:中国建筑工业出版社,2015.

[21] 陈述彭. 地学信息图谱探索研究[M]. 北京:商务印书馆,2001.

[22] 吕爱民. 应变建筑[M]. 上海:同济大学出版社,2003.

[23] 毛刚. 生态视野·西南高海拔山区聚落与建筑[M]. 南京:东南大学出版社,2003.

[24] 罗震东. 新自下而上城镇化:中国淘宝村的发展与治理[M]. 南京:东南大学出版社,2020.

学位论文

[1] 蔡晓辉. 淘宝村空间特征研究[D]. 广州:广东工业大学,2018.

[2] 杨首. 永嘉"淘宝村"现象和网络经济生态研究[D]. 舟山:浙江海洋大学,2016.

[3] 李硕. 电子商务作用下的曹县丁楼村空间重构研究[D]. 济南:山东建筑大学,2020.

[4] 罗建发. 基于行动者网络理论的沙集东风村电商—家具产业集群研究[D]. 南京:南京大学,2013.

[5] 周晓穗. 电子商务作用下农村社区的变迁初探[D]. 南京:东南大学,2020.

[6] 朱晓青. 基于混合增长的"产住共同体"演进、机理与建构研究[D]. 杭州:浙江大学,2011.

[7] 虞佳惠. "产村融合"视角下的杭州地区茶园景观改造和利用研究[D]. 杭州:浙江农林大学,2020.

[8] 武小龙. 城乡"共生式"发展研究[D]. 南京:南京农业大学,2015.

[9] 张旭. 基于共生理论的城市可持续发展研究[D]. 哈尔滨:东北农业大学,2004.

[10] 徐无瑕. 基于"产住共生"的文化创意聚落混合功能空间研究[D]. 杭州:浙江工业大学,2015.

[11] 唐瑭. "共生"视角下乡村聚落空间更新策略研究[D]. 成都:四川美术学院,2020.

[12] 王倩. 淘宝村的演变路径及其动力机制:多案例研究[D]. 南京:南京大学,2015.

[13] 黄世界. 乡镇民营企业的崛起与乡镇治理的转型:以福建省陈埭镇为例[D]. 武汉:华中师范大学,2013.

[14] 王晨野. 生态环境信息图谱:空间分析技术支持下的松嫩平原土地利用变化评价与优化研究[D]. 长春:吉林大学,2009.

[15] 汪洋. 山地人居环境空间信息图谱:理论与实证[D]. 重庆:重庆大学,2012.

[16] 陈潘婉洁. 江南城市山水形局信息图谱的建构方法[D]. 南京:东南大学,2018.

[17] 傅哲宁. "淘宝村"分类与发展模式研究[D]. 南京:南京大学,2019.

[18] 徐丹华. 小农现代转型背景下的"韧性乡村"认知框架和营建策略研究[D]. 杭州:浙江大学,2019.

［19］石斌. 城乡融合型村镇社区低碳营建体系研究［D］. 杭州：浙江工业大学,2020.

［20］辜娟. 中国乡村优质景观格局营造方法的研究［D］. 武汉：湖北工业大学,2006.

［21］徐烁. 人居环境学视角下传统村落与民居保护及活化模式研究［D］. 济南：山东工艺美术学院,2021.

［22］习婷婷. 风景旅游村的共生模式研究［D］. 重庆：重庆大学,2011.

［23］张倩. 银行业的和谐共生——合作竞争［D］. 南京：南京理工大学,2006.

［24］韩勇. 城市街道空间界面研究［D］. 合肥：合肥工业大学,2002.

论文集

［1］BRUSO S. The Idea of Industrial Districts：Its Genesis［C］. Industrial Districts and Cooperation. Geneva：ILO,1990:15 - 19.

［2］许璇,李俊. 电商经济影响下的淘宝村产居空间特征研究：以苏州市 4 个淘宝村为例［C］//中国城市规划学会,杭州市人民政府. 共享与品质：2018 中国城市规划年会论文集,2018:36 - 42.

［3］郑越,杨佳杰,朱霞."淘宝村"模式对乡村发展的影响及规划应对策略：以浙江省缙云县北山村为例［C］//规划 60 年：成就与挑战——2016 中国城市规划年会论文集（15 乡村规划）,2016:727 - 737.

报告

［1］ECTP. New Charter of Athens：the principles of ECTP for the planning of cities［R］. 1998.

［2］OTSUKA K,SONOBE T. A Cluster-based Industrial Development Policy for Low-income Countries［R］. Policy Research Working Paper,World Bank,2011.

［3］商务部电子商务和信息化司. 中国电子商务发展报告 2020［R］. 2020.

［4］阿里研究院. 2020 年中国淘宝村研究报告［R］. 2020.

［5］中央网信办信息化发展局. 中国数字乡村发展报告（2020 年）［R］. 2020.

［6］南京大学空间规划研究中心,阿里新乡村研究中心. 中国淘宝村发展报告（2014—2018）［R］. 2018.

［7］阿里研究院. 中国淘宝村研究报告（2014）［R］. 2014.

［8］阿里研究院. 中国淘宝村研究报告（2009—2019）［R］. 2019.

［9］浙江省农办,省农业农村厅,省发展改革委,省统计局. 浙江乡村振兴报告［R］. 2019.

［10］浙江省社科院. 浙江蓝皮书：2020 年浙江发展报告［R］. 2020.

电子资源

［1］智研咨询. 2020 年浙江省农村电商行业发展现状、发展问题及发展前景分析［EB/OL］.（2021-10-11）［2022-03-30］. https://www.chyxx.com/industry/202110/978981.html

电子公告

[1] 中华人民共和国　中央人民政府.政府工作报告[EB/OL].(2015-03-16)http://www.gov.cn/guowuyuan/2015-03/16/content_2835101.htm.

[2] 中国互联网络信息中心(CNNIC).第 47 次中国互联网络发展状况统计报告[EB/OL].(2021-02-03)http://www.cac.gov.cn/2021-02/03/c_1613923423079314.htm.

[3] 中华人民共和国中央人民政府.国务院关于深入推进新型城镇化建设的若干意见[EB/OL].（2016-02-06）http://www.gov.cn/zhengce/content/2016-02/06/content_5039947.htm.

[4] 中共中央国务院.乡村振兴战略规划(2018—2022 年)[EB/OL].(2018-09-26)http://www.gov.cn/xinwen/2018-09/26/content_5325534.htm.

[5] 国家统计局.中国第七次人口普查公报(第八号)[EB/OL].(2021-06-28)http://www.stats.gov.cn/tjsj/tjgb/rkpcgb/qgrkpcgb/202106/t20210628_1818827.html.

[6] 浙江省商务厅.关于开展电商专业村认定工作的通知[EB/OL].(2018-11-26)https://zjjcmspublic.oss-cn-hangzhou-zwynet-d01-a.internet.cloud.zj.gov.cn/jcms_files/jcms1/web2757/site/attach/0/a62336b9724144319063c076f47b8536.pdf

标准规范

[1] 中华人民共和国住房和城乡建设部.村庄规划用地分类指南[S].2014

附　录

附录Ⅰ

电商村调研问卷

乡村＿＿＿＿＿＿＿＿＿＿＿＿＿＿＿＿　编号＿＿＿＿＿＿

尊敬的村民们：

请您根据日常的生活/工作实际情况对下述问题进行选择及填写，十分感谢。

【基本信息】

1.1　家庭的年收入总额：＿＿＿＿＿＿＿
　　A. 1 万～5 万元　　　　B. 5 万～10 万元　　　C. 10 万～15 万元
　　D. 15 万～20 万元　　　E. 20 万元以上

1.2　家庭常住人口数量：＿＿＿＿＿＿＿
　　A. 1 人　　　B. 2 人　　　C. 3 人　　　D. 4 人　　　E. 5 人及以上

1.3　家庭从业人口数量：＿＿＿＿＿＿＿
　　A. 1 人　　　B. 2 人　　　C. 3 人　　　D. 4 人　　　E. 5 人及以上

1.4　建筑面积：＿＿＿＿＿＿＿ m²
　　A. 50 及以下　　B. 51～80　　C. 81～110　　D. 111～140　　E. 141 及以上

1.5　宅基地面积：＿＿＿＿＿＿＿ m²
　　A. 50 及以下　　B. 51～90　　C. 91～120　　D. 121～150　　E. 151 及以上

1.6　您在村中的居住时间：＿＿＿＿＿＿＿
　　A. 1 年以下　　B. 1～3 年　　C. 3～5 年　　D. 5～10 年　　E. 10 年以上
　　F. 临时过来

1.7　您的学历：＿＿＿＿＿＿＿
　　A. 小学及以下　　　　B. 初中C. 高中
　　D. 大学　　　　　　　E. 硕士及以上

【电商从业信息】

2.1　您是否从事电商相关工作：＿＿＿＿＿＿＿
　　A. 是　　　　B. 否（若选否，则跳过 2.2～2.15）

2.2　家中从事电商相关工作的人口数量：＿＿＿＿＿＿＿

      A. 1 人　　　　B. 2 人　　　　C. 3 人　　　　D. 4 人　　　　E. 5 人及以上

2.3　家庭电商产业的年总收入：_____

      A. 1 万～5 万元　　　　B. 5 万～10 万元　　　　C. 10 万～15 万元

      D. 15 万～20 万元　　　　E. 20 万元以上

2.4　您具体从事的电商工作为：_____（可多选）

      A. 运营　　　　B. 美工　　　　C. 客服　　　　D. 摄影　　　　E. 仓储、包装

      F. 物流快递　　　G. 推广　　　　H. 采购　　　　I. 其他_____

2.5　您从事电商工作前的职业为：_____（可多选）

      A. 农林牧业/水产养殖　　　　B. 制造业生产　　　C. 服务业

      D. 国家机关、党群组织、事业单位工作人员

      E. 学生　　　　F. 军人　　　　G. 退休　　　　H. 其他_____

2.6　您从事电商工作，主要是因为什么原因：_____（可多选）

      A. 亲朋好友带动　　　B. 乡村能人效仿　　　C. 自发决定

      D. 政府鼓励　　　E. 企业政策　　　F. 网络宣传　　　G. 其他_____

2.7　您从事电商工作的产品类型为：_____产品来源为：_____

      A. 农业生产　　　B. 工厂加工　　　C. 市场　　　　D. 其他_____

2.8　您每天的工作时间为：_____

      A. 每天固定朝____晚____　　　　B. 不定时，根据需要　　　C. 其他_____

2.9　工作时长受淡旺季影响变化大吗：_____

      A. 影响大，淡季工作时间为_____，旺季工作时间为_____

      B. 影响不大

2.10　从事电商的地点：_____

      A. 家中（若不是，跳过 2.11～2.14）　　　　B. 企业　　　C. 工厂

      D. 外出　　　　E. 其他_____

2.11　从事电商的空间特征：_____

      A. 无工厂、无仓库　　　　B. 无工厂、有仓库　　　C. 有工厂、有仓库

2.12　建筑中用于电商工作的面积大约为：_____m²

      A. 20 以下　　　B. 20～40　　　C. 40～60　　　D. 60～80　　　E. 80 及以上

2.13　宅院中用于电商工作的面积大约为：_____m²

      A. 20 以下　　　B. 20～40　　　C. 40～60　　　D. 60～80　　　E. 80 及以上

2.14　工作面积受淡旺季影响变化大吗：_____

      A. 影响大，淡季工作面积为_____，旺季工作面积为_____

      B. 影响不大

2.15　工作人数受淡旺季影响变化大吗：_____

      A. 影响大，淡季工作人数为_____，旺季工作人数为_____

      B. 影响不大，工作人数为_____

【乡村提升】

3.1　您认为电商产业对乡村社会方面产生了什么影响：

　　　起到提升作用的是（按作用明显程度排序）：1.＿＿＿＿；2.＿＿＿＿；3.＿＿＿＿

　　　起到负面作用的是（按作用明显程度排序）：1.＿＿＿＿；2.＿＿＿＿；3.＿＿＿＿

　　　A. 乡村文化　　　B. 生活习惯　　　C. 人口组成　　　D. 乡村治安

　　　E. 其他＿＿＿＿

3.2　您认为电商产业对乡村经济方面产生了什么影响：

　　　起到提升作用的是（按作用明显程度排序）：1.＿＿＿＿；2.＿＿＿＿；3.＿＿＿＿

　　　起到负面作用的是（按作用明显程度排序）：1.＿＿＿＿；2.＿＿＿＿；3.＿＿＿＿

　　　A. 消费水平　　　B. 收入水平　　　C. 产业现代化水平　　D. 资本引入

　　　E. 其他＿＿＿＿

3.3　您认为电商产业对乡村环境方面产生了什么影响：

　　　起到提升作用的是（按作用明显程度排序）：1.＿＿＿＿；2.＿＿＿＿；3.＿＿＿＿

　　　起到负面作用的是（按作用明显程度排序）：1.＿＿＿＿；2.＿＿＿＿；3.＿＿＿＿

　　　A. 商业服务设施　　　　　B. 公共服务设施　　　　　C. 网络设施

　　　D. 交通设施　　　E. 环境品质　　　F. 物流设施　　　G. 其他＿＿＿＿

3.4　您认为电商产业对生活造成最大的困扰是：

　　　A. 货物堆放　　　B. 快递运输　　　C. 违章加建　　　D. 外来人群

　　　E. 其他＿＿＿＿

附录Ⅱ

电商村基本数据整理

		白牛村		
编号	时间共生度	空间共生度	社群共生度	综合共生度
1	0.247	0.228	0.582	0.320
2	0.445	0.694	0.856	0.642
3	0.702	0.121	0.847	0.416
4	0.224	0.298	0.744	0.368
5	0.788	0.129	0.391	0.341
6	0.751	0.538	0.907	0.716
7	0.765	0.269	0.484	0.463
8	0.297	0.262	0.568	0.354
9	0.330	0.568	0.486	0.450
10	0.567	0.313	0.910	0.544
11	0.789	0.288	0.468	0.474
12	0.630	0.573	0.871	0.680
13	0.277	0.353	0.654	0.400
14	0.431	0.257	0.818	0.449
15	0.677	0.696	0.589	0.652
16	0.781	0.361	0.658	0.571
17	0.219	0.571	0.696	0.443
18	0.611	0.551	0.720	0.623
19	0.799	0.381	0.456	0.518
20	0.273	0.470	0.668	0.441
21	0.322	0.491	0.512	0.433
22	0.672	0.237	0.601	0.457
23	0.518	0.248	0.909	0.489
24	0.504	0.192	0.806	0.427
25	0.808	0.323	0.652	0.554
26	0.891	0.217	0.689	0.511
27	0.274	0.360	0.515	0.370
28	0.525	0.127	0.859	0.385
29	0.259	0.336	0.455	0.341
30	0.841	0.278	0.741	0.557
31	0.344	0.187	0.473	0.312
32	0.282	0.319	0.854	0.425
33	0.297	0.198	0.905	0.376
34	0.311	0.362	0.747	0.438
35	0.238	0.243	0.720	0.347
36	0.754	0.369	0.572	0.542
37	0.235	0.315	0.603	0.355

	白牛村		
编号	时间共生度	空间共生度	社群共生度	综合共生度
---	---	---	---	---
38	0.498	0.329	0.373	0.394
39	0.800	0.510	0.684	0.653
40	0.614	0.250	0.785	0.494
41	0.736	0.320	0.868	0.589
42	0.396	0.557	0.556	0.497
43	0.743	0.194	0.782	0.483
44	0.718	0.305	0.550	0.494
45	0.802	0.665	0.549	0.664
46	0.762	0.208	0.495	0.428
47	0.813	0.428	0.548	0.576
48	0.323	0.567	0.772	0.521
49	0.771	0.202	0.615	0.457
50	0.183	0.180	0.693	0.284
51	0.490	0.468	0.588	0.513
52	0.724	0.596	0.838	0.712
53	0.845	0.420	0.451	0.543
54	0.265	0.216	0.725	0.346
55	0.770	0.597	0.815	0.721
56	0.678	0.545	0.816	0.671
57	0.410	0.209	0.683	0.388
58	0.238	0.535	0.641	0.434
59	0.276	0.382	0.529	0.382
60	0.511	0.237	0.894	0.477
61	0.785	0.524	0.548	0.608
62	0.674	0.261	0.580	0.467
63	0.408	0.256	0.478	0.368
64	0.358	0.553	0.942	0.572
65	0.493	0.598	0.829	0.625
66	0.424	0.319	0.515	0.412
67	0.476	0.253	0.904	0.477
68	0.558	0.248	0.729	0.466
69	0.215	0.392	0.457	0.338
70	0.761	0.260	0.691	0.515
71	0.845	0.443	0.551	0.591
72	0.744	0.444	0.780	0.636
73	0.809	0.224	0.480	0.443
74	0.799	0.481	0.830	0.683
75	0.345	0.478	0.511	0.438
76	0.233	0.427	0.571	0.385
77	0.606	0.170	0.708	0.418
78	0.421	0.340	0.825	0.491

	白牛村			
编号	时间共生度	空间共生度	社群共生度	综合共生度
79	0.538	0.392	0.894	0.573
80	0.304	0.238	0.452	0.320
81	0.605	0.174	0.489	0.372
82	0.556	0.487	0.466	0.501
83	0.606	0.343	0.646	0.512
84	0.397	0.548	0.704	0.535
85	0.230	0.436	0.637	0.400
86	0.667	0.434	0.762	0.605
87	0.284	0.402	0.845	0.458
88	0.361	0.462	0.888	0.529
89	0.343	0.416	0.912	0.507
90	0.650	0.320	0.398	0.436
91	0.308	0.479	0.460	0.408
92	0.578	0.344	0.495	0.462
93	0.627	0.220	0.603	0.436
94	0.479	0.506	0.698	0.553
95	0.682	0.459	0.641	0.585
96	0.728	0.561	0.750	0.674
总体	0.531	0.370	0.666	0.508

碧门村			
编号	时间共生度	空间共生度	社群共生度	综合共生度
1	0.292	0.791	0.464	0.475
2	0.669	0.709	0.502	0.620
3	0.735	0.756	0.620	0.701
4	0.343	0.293	0.600	0.392
5	0.455	0.822	0.268	0.464
6	0.826	0.748	0.436	0.646
7	0.652	0.756	0.236	0.488
8	0.481	0.676	0.259	0.438
9	0.535	0.786	0.523	0.603
10	0.806	0.740	0.423	0.632
11	0.245	0.287	0.465	0.320
12	0.771	0.350	0.621	0.551
13	0.300	0.812	0.275	0.406
14	0.557	0.379	0.430	0.450
15	0.784	0.518	0.697	0.657
16	0.427	0.667	0.613	0.559
17	0.376	0.377	0.306	0.351
18	0.389	0.515	0.249	0.368
19	0.483	0.490	0.234	0.381
20	0.780	0.781	0.479	0.663
21	0.637	0.796	0.478	0.624
22	0.727	0.877	0.371	0.619
23	0.827	0.406	0.522	0.560
24	0.602	0.640	0.531	0.589
25	0.506	0.780	0.501	0.582
26	0.577	0.538	0.529	0.548
27	0.791	0.886	0.460	0.686
28	0.234	0.381	0.302	0.300
29	0.535	0.754	0.430	0.558
30	0.781	0.887	0.456	0.681
31	0.652	0.611	0.497	0.583
32	0.357	0.658	0.563	0.510
33	0.224	0.802	0.576	0.469
34	0.528	0.216	0.245	0.304
35	0.664	0.858	0.263	0.531
36	0.786	0.814	0.361	0.613
37	0.459	0.628	0.580	0.551
38	0.660	0.629	0.331	0.516
39	0.693	0.699	0.656	0.682
40	0.717	0.808	0.470	0.649
41	0.808	0.863	0.582	0.740
42	0.421	0.388	0.435	0.414

碧门村			
编号	时间共生度	空间共生度	社群共生度	综合共生度

编号	时间共生度	空间共生度	社群共生度	综合共生度
43	0.826	0.831	0.208	0.523
44	0.600	0.733	0.339	0.531
45	0.565	0.839	0.384	0.567
46	0.342	0.725	0.577	0.523
47	0.212	0.291	0.339	0.275
48	0.614	0.482	0.600	0.562
49	0.327	0.644	0.254	0.377
50	0.463	0.744	0.240	0.436
51	0.586	0.524	0.644	0.583
52	0.358	0.715	0.358	0.451
53	0.381	0.433	0.277	0.358
54	0.373	0.835	0.539	0.551
55	0.224	0.364	0.293	0.288
56	0.468	0.864	0.206	0.437
57	0.577	0.617	0.489	0.558
58	0.547	0.623	0.219	0.421
59	0.421	0.674	0.215	0.394
60	0.380	0.676	0.326	0.437
61	0.614	0.835	0.417	0.598
62	0.546	0.346	0.365	0.410
63	0.415	0.671	0.388	0.476
64	0.425	0.853	0.620	0.608
65	0.676	0.437	0.625	0.569
66	0.738	0.835	0.443	0.649
67	0.715	0.653	0.398	0.570
68	0.316	0.725	0.581	0.510
69	0.549	0.738	0.282	0.485
70	0.340	0.836	0.466	0.510
71	0.696	0.711	0.481	0.620
72	0.449	0.843	0.486	0.569
73	0.809	0.815	0.317	0.594
74	0.739	0.822	0.246	0.530
75	0.621	0.729	0.549	0.629
76	0.567	0.851	0.268	0.506
77	0.574	0.785	0.387	0.559
78	0.782	0.796	0.686	0.753
79	0.756	0.777	0.645	0.723
80	0.640	0.649	0.600	0.629
81	0.819	0.859	0.243	0.555
82	0.516	0.749	0.577	0.606
83	0.506	0.862	0.394	0.556

碧门村				
编号	时间共生度	空间共生度	社群共生度	综合共生度
84	0.214	0.750	0.484	0.427
85	0.778	0.895	0.533	0.719
86	0.526	0.878	0.431	0.584
87	0.243	0.779	0.398	0.422
88	0.219	0.632	0.506	0.412
89	0.886	0.484	0.317	0.514
90	0.320	0.685	0.286	0.397
91	0.407	0.747	0.587	0.563
92	0.401	0.655	0.447	0.490
93	0.756	0.715	0.283	0.535
94	0.219	0.272	0.586	0.327
95	0.591	0.654	0.317	0.497
96	0.343	0.786	0.240	0.401
97	0.881	0.841	0.506	0.721
98	0.803	0.831	0.304	0.587
99	0.390	0.515	0.407	0.434
100	0.726	0.701	0.357	0.566
101	0.628	0.744	0.318	0.530
102	0.235	0.681	0.562	0.448
103	0.601	0.787	0.419	0.583
104	0.748	0.782	0.441	0.637
105	0.817	0.765	0.276	0.557
106	0.236	0.490	0.651	0.422
107	0.495	0.896	0.393	0.559
108	0.802	0.809	0.595	0.728
109	0.346	0.706	0.242	0.390
110	0.780	0.784	0.553	0.697
111	0.587	0.882	0.564	0.663
112	0.263	0.782	0.306	0.398
113	0.749	0.753	0.559	0.680
114	0.786	0.659	0.501	0.638
115	0.227	0.733	0.257	0.350
116	0.426	0.549	0.266	0.396
117	0.255	0.886	0.240	0.379
118	0.908	0.669	0.321	0.580
119	0.542	0.638	0.611	0.596
120	0.673	0.856	0.626	0.712
121	0.368	0.795	0.370	0.477
122	0.227	0.721	0.339	0.381
123	0.796	0.756	0.422	0.633
总体	0.548	0.690	0.428	0.545

	徐村			
编号	时间共生度	空间共生度	社群共生度	综合共生度
1	0.828	0.574	0.508	0.622
2	0.560	0.555	0.602	0.572
3	0.707	0.680	0.430	0.591
4	0.837	0.923	0.384	0.667
5	0.506	0.602	0.594	0.566
6	0.751	0.726	0.558	0.673
7	0.615	0.445	0.571	0.539
8	0.648	0.373	0.608	0.528
9	0.692	0.529	0.346	0.502
10	0.714	0.746	0.540	0.660
11	0.857	0.877	0.524	0.733
12	0.555	0.671	0.532	0.583
13	0.744	0.417	0.646	0.585
14	0.587	0.475	0.486	0.514
15	0.585	0.434	0.324	0.435
16	0.510	0.812	0.516	0.597
17	0.490	0.800	0.535	0.594
18	0.617	0.856	0.612	0.686
19	0.390	0.851	0.673	0.607
20	0.740	0.359	0.517	0.516
21	0.841	0.794	0.427	0.658
22	0.518	0.799	0.768	0.683
23	0.810	0.554	0.589	0.642
24	0.756	0.527	0.667	0.643
25	0.890	0.659	0.623	0.715
26	0.887	0.457	0.409	0.550
27	0.516	0.507	0.320	0.438
28	0.517	0.832	0.562	0.623
29	0.637	0.930	0.509	0.671
30	0.874	0.526	0.660	0.672
31	0.578	0.507	0.630	0.569
32	0.570	0.525	0.565	0.553
33	0.851	0.471	0.677	0.647
34	0.501	0.389	0.597	0.488
35	0.475	0.848	0.505	0.588
36	0.829	0.453	0.414	0.538
37	0.520	0.523	0.407	0.480
38	0.919	0.513	0.692	0.689
39	0.495	0.622	0.657	0.587
40	0.486	0.375	0.517	0.455
41	0.545	0.817	0.596	0.643

徐村			
编号	时间共生度	空间共生度	社群共生度	综合共生度
42	0.592	0.867	0.674	0.702
43	0.745	0.468	0.725	0.632
44	0.581	0.455	0.656	0.558
45	0.616	0.759	0.672	0.680
46	0.788	0.583	0.448	0.591
47	0.515	0.714	0.779	0.659
48	0.886	0.877	0.466	0.713
49	0.526	0.562	0.417	0.498
50	0.900	0.803	0.595	0.755
51	0.774	0.505	0.581	0.610
52	0.706	0.496	0.665	0.615
53	0.792	0.741	0.372	0.602
54	0.491	0.854	0.633	0.643
55	0.582	0.715	0.554	0.613
56	0.589	0.469	0.712	0.582
57	0.670	0.779	0.645	0.695
58	0.679	0.887	0.655	0.733
59	0.407	0.517	0.518	0.478
60	0.391	0.712	0.584	0.546
61	0.520	0.791	0.358	0.528
62	0.850	0.503	0.664	0.657
63	0.801	0.731	0.463	0.647
64	0.779	0.816	0.622	0.734
65	0.564	0.635	0.521	0.571
66	0.629	0.876	0.622	0.700
67	0.467	0.397	0.443	0.435
68	0.462	0.897	0.516	0.598
69	0.846	0.570	0.664	0.684
70	0.466	0.457	0.577	0.497
71	0.899	0.625	0.585	0.690
72	0.768	0.829	0.505	0.685
73	0.681	0.592	0.428	0.557
74	0.572	0.529	0.362	0.479
75	0.491	0.578	0.694	0.582
76	0.875	0.831	0.541	0.733
77	0.711	0.502	0.474	0.553
78	0.518	0.587	0.565	0.556
79	0.698	0.772	0.450	0.623
80	0.749	0.632	0.522	0.627
81	0.839	0.529	0.333	0.529
82	0.563	0.794	0.541	0.623

徐村			
编号	时间共生度	空间共生度	社群共生度	综合共生度
83	0.730	0.560	0.683	0.654
84	0.674	0.538	0.509	0.570
85	0.682	0.568	0.594	0.613
86	0.603	0.691	0.678	0.656
87	0.552	0.389	0.431	0.452
88	0.815	0.399	0.556	0.566
89	0.697	0.530	0.438	0.545
90	0.507	0.487	0.707	0.559
91	0.543	0.637	0.642	0.605
92	0.527	0.717	0.609	0.613
93	0.852	0.503	0.587	0.631
94	0.579	0.614	0.795	0.656
95	0.908	0.480	0.443	0.578
96	0.530	0.591	0.485	0.534
97	0.584	0.507	0.554	0.548
98	0.850	0.706	0.492	0.666
99	0.564	0.567	0.733	0.617
100	0.573	0.583	0.497	0.550
101	0.504	0.886	0.668	0.668
102	0.683	0.719	0.571	0.654
103	0.571	0.920	0.404	0.596
104	0.718	0.766	0.479	0.641
105	0.589	0.571	0.502	0.553
106	0.734	0.558	0.402	0.548
107	0.633	0.709	0.695	0.678
108	0.926	0.796	0.689	0.798
109	0.378	0.357	0.464	0.397
110	0.729	0.590	0.582	0.630
111	0.687	0.594	0.426	0.558
112	0.616	0.747	0.460	0.596
113	0.781	0.703	0.515	0.656
114	0.702	0.556	0.573	0.607
115	0.848	0.871	0.576	0.752
116	0.903	0.880	0.749	0.841
117	0.672	0.471	0.406	0.505
118	0.765	0.913	0.565	0.733
119	0.702	0.575	0.453	0.567
120	0.534	0.624	0.389	0.506
121	0.538	0.506	0.601	0.547
122	0.722	0.633	0.616	0.655
123	0.753	0.545	0.606	0.629

		徐村		
编号	时间共生度	空间共生度	社群共生度	综合共生度
124	0.524	0.628	0.625	0.590
125	0.603	0.511	0.365	0.483
126	0.792	0.821	0.423	0.650
127	0.829	0.453	0.565	0.596
128	0.647	0.621	0.755	0.672
129	0.822	0.480	0.634	0.630
130	0.389	0.503	0.600	0.490
131	0.886	0.682	0.751	0.768
132	0.904	0.468	0.673	0.658
133	0.715	0.842	0.443	0.644
134	0.714	0.620	0.485	0.599
135	0.505	0.632	0.425	0.514
136	0.566	0.607	0.532	0.568
137	0.890	0.501	0.648	0.661
138	0.734	0.765	0.720	0.739
139	0.915	0.755	0.631	0.758
140	0.647	0.855	0.549	0.672
141	0.570	0.653	0.590	0.603
总体	0.667	0.635	0.556	0.617

致　谢

　　2015 年,满怀对科研的憧憬,恰逢机缘,进入浙江大学攻读博士学位。如今,研期已满,专著付梓,回首直博至今,历时六载有余,对学术知识仰之弥高,钻之弥坚。学海无涯,勤勉作舟,唯叹自己学识终浅,一路坎坷起伏,不断摸索前行。纤尘荏苒,今日终获圆满,其中离不开良师、挚友、至亲的理解与帮助,感恩之情,溢于言表。

　　感谢我的导师王竹教授,导师知识渊博,循循善诱,正是导师悉心指导才使我得以顺利完成此书。在我迷茫之际,导师不乏忠言逆耳,鞭策我好学力行,但更多时候亦师亦友,关怀备至。导师的严谨、求真、务实的治学处事态度深深影响着我,将一直伴随于我的工作、学习、生活中。在此,对于学业期间导师及师母给予的指导与帮助致以衷心的感谢,师恩难忘,铭记于心。

　　感谢浙江大学和建筑工程学院为我提供的卓越平台、学术环境和生活保障。感谢学院贺勇、浦欣成、裘知、王洁、华晨、王纪武等专业教授和专家等在本书选题、撰写、审阅过程中给予的指导与帮助。感谢浙江工业大学朱晓青、于文波教授对我的学术启蒙,浙大城市学院于慧芳教授对我的学术指导。众师明贤,业精学专,在求学期间给予许多指导和帮助,对此我感激不尽。

　　感谢同学陈继锟、王珂、王焯瑶、张宏旺、王丹等多年来的陪伴与帮助,感谢挚友石斌、黄志豪、朱可宁、邱佳月、傅天奇、陈俊宇等的支持与付出。感谢同门师兄弟、师姐妹,钱振澜、项越、沈昊、张子琪、孟静亭、傅嘉言、郑媛、徐丹华、杜浩渊、华懿、罗文静、苗丽婷、朱程远、姚翔宇、竹丽凡、郭睿、周从越、孙源等在我漫长的博士生涯学习中给予的帮助。寒窗苦读中的欢声笑语,尤显珍贵,相伴多年,终需一别,不诉终殇,唯愿大家学业有成,共效国家。

　　特别感谢我的家人、至亲,感谢父母的养育之恩与言传身教,愿他们身体健康,平安顺遂。感谢我的挚爱方宇佳女士,多年来她对我所有决定都予以尊重与支持,不离不弃,一路相伴,互诉衷肠,盼携手终老,愿与子同袍。

　　感谢身边所有的人和事,感谢在这六年多中的一切喜怒悲欢,每一刻都是人生中宝贵的财富。